安全生产检测检验人员培训教程

中国安全生产科学研究院　编

中国劳动社会保障出版社

图书在版编目(CIP)数据

安全生产检测检验人员培训教程/中国安全生产科学研究院编. —北京：中国劳动社会保障出版社，2011

ISBN 978-7-5045-8994-1

Ⅰ.①安… Ⅱ.①中… Ⅲ.①安全生产-安全检查-技术培训-教材 Ⅳ.①X924

中国版本图书馆 CIP 数据核字(2011)第 038882 号

中国劳动社会保障出版社出版发行

(北京市惠新东街 1 号 邮政编码：100029)

出 版 人：张梦欣

*

新华书店经销

北京地质印刷厂印刷 三河市华东印刷装订厂装订

787 毫米×1092 毫米 16 开本 13 印张 200 千字

2011 年 3 月第 1 版 2011 年 3 月第 1 次印刷

定价：36.00 元

读者服务部电话：010-64929211/64921644/84643933

发行部电话：010-64961894

出版社网址：http://www.class.com.cn

安全生产检测检验人员培训教程

编写委员会

主　　编　吴宗之

副 主 编　何学秋　张兴凯　李双会

编写人员　陈在学　赵　阳　王晓东

郑　卉　田　军　韩俊玲

翟守忠　刘春富　徐三民

徐　征　田　帅　许佳期

刘　毅

前言

为了更好地贯彻执行 AQ 8006—2010《安全生产检测检验机构能力的通用要求》，引导安全生产检测检验机构的管理与检测检验活动按标准的要求规范运行，持续改进，中国安全生产科学研究院组织编写了《安全生产检测检验人员培训教程》一书。

本书是安全生产检测检验机构人员培训专用教材，适用于安全生产检测检验机构的管理人员和从业人员培训以及在实际工作中参考。本书重点阐述 AQ 8006—2010《安全生产检测检验机构能力的通用要求》的精神实质和贯彻执行国家安全生产监督管理总局的第 12 号令《安全生产检测检验机构管理规定》的指导思想，内容涉及安全生产检测检验机构能力要求的发展、AQ 8006—2010 适用范围与调整对象；在本书的第四章、第五章中，采用先“标准条文”，后“标准条文理解”的方式，对 AQ 8006—2010 中对检测检验机构能力的管理要求与技术要求，从理解要点、引申含义、执行要求、注意事项等方面，逐条进行讲述。

在本书编写和审定过程中，中国安全生产科学研究院、煤炭科学研究总院、煤炭科学研究总院沈阳研究院、煤炭科学研究总院太原研究院、煤炭科学研究总院重庆研究院、长沙矿山研究院以及许多在安全生产检测检验领域颇有造诣的专家均予以了认真的审查与指导，提出了许多宝贵的意见和建议。在此表示衷心的感谢。

本书难免存在不足之处，欢迎读者不吝赐教。

编　者

2011 年 3 月

目 录

第一章 概 述

第一节 安全生产检测检验机构能力要求的发展

2002年10月8日，原国家经贸委第34号令，发布了《煤矿矿用安全产品检验管理办法》。为贯彻执行34号令，原国家安全生产监督管理局办公室会同国家煤矿安全监察局办公室，发布安监管司办字［2002］78号文件，将34号令发布的《煤矿矿用安全产品检验管理办法》，转发省、自治区、直辖市以及新疆生产建设兵团的安监和煤监管理机构。随之原国家安全生产监督管理局启动了煤矿矿用安全产品检测检验机构资质认定的相关准备工作，包括确定“煤矿矿用安全产品检验机构资质认定评审依据”，制定“煤矿矿用安全产品检验机构资质认定工作方案”、设计“煤矿矿用安全产品检验机构资质认定评审报告及其附件”和“煤矿矿用安全产品检验机构资质认可证书证件”的格式。准备工作基本就绪后，2003年9月，正式启动了第一批申请甲级资质的煤矿矿用安全产品检测检验机构的资质认定评审工作。

从2003年9月起的“煤矿矿用安全产品检验机构资质认定评审依据”包括：

(1)《煤矿矿用安全产品检验管理办法》(国家经贸委第34号令)；

(2) GB/T 15481—2000《检测和校准实验室能力的通用要求》；

(3)《煤矿矿用安全产品检验机构资质认可的特殊要求》。

随着矿用安全产品检测检验机构资质认定工作的深入开展，特别是非煤矿山在用设备检测检验资质认定的迫切需求，原来的“煤矿矿用安全产品检验机构资质认定评审依据”，已经不适应安全生产检测检验机构资质认定的发展要求，迫切需要出台新的“安全生产检测检验机构资质认定评审依据”。

2007年1月31日，国家安全生产监督管理总局发布了《安全生产检测检验机构管理规定》(总局第 12 号令),《安全生产检测检验机构管理规定》共六章三十条。

总局第 12 号令,将原来仅限于“煤矿矿用安全产品的检测检验”,扩大到“全国工矿商贸生产经营单位从事涉及生产安全的设施设备及产品的型式检验、安全标志检验、在用品检验、监督监察检验、作业场所安全检测和事故物证分析检验”。

总局第 12 号令对安全生产检测检验机构取得资质的条件,如法人资格、注册资金、专业技术人员比例、从事与安全生产相关的检测检验工作经历等,作了具体的规定。同时对申请资质的程序、资质认定评审、获得资质后的管理等事项都提出了要求。

总局第 12 号令明确了对检测检验机构的要求,包括依法科学公正诚实地开展检测检验活动,真实准确客观地报告检测检验结果;遵守职业道德;及时报告检测活动中发现的重大安全隐患。

总局第 12 号令还提出了对取得资质的检测检验机构的监督管理和违反规定的处罚要求。

在总局第 12 号令的指导下,安全生产检测检验机构资质认定技术服务机构协助总局完成了《安全生产检测检验机构资质认定评审通用准则》的制定。

《安全生产检测检验机构资质认定评审通用准则》的法规基础是总局第 12 号令。同时,它将《检测和校准实验室能力的通用要求》(GB/T 15481—2000)中的基本要求、《煤矿矿用安全产品检验机构资质认可的特殊要求》中的特殊部分合理地融入,成为统一的安全生产检测检验机构资质认定评审的依据。

过去的四年中,《安全生产检测检验机构资质认定评审通用准则》在安全生产检测检验机构资质认定评审中,起了其他文件不可替代的积极作用。然而,它只是一个以国家安全生产监督管理总局文件形式发布的工作文件,还不是国家的行业技术法规。因此,作为国家行业技术法规的行业标准——AQ 8006—2010《安全生产检测检验机构能力的通用要求》于 2010 年 9 月 6 日正式发布。

在《安全生产检测检验机构资质认定评审通用准则》的基础上制定的行业标准《安全生产检测检验机构能力的通用要求》,是国家安全生产监督管理总局审批安全生产检测检验机构资质的技术法规。它将被全国工矿商贸生产经营单位所了解,为安全生产检测检验机构的培育和发展、为国家和社会各界对安全生产检测检验机构的检测检验活动的监督，提供有力的技术支持，也为安全生产检测检验机构寻求自身的发展和提高提供了指南。

第二节 AQ 8006—2010 标准框架

AQ 8006—2010《安全生产检测检验机构能力的通用要求》修改采用了 ISO/IEC 17025：2005《检测和校准实验室能力的通用要求》，参考了 ISO/IEC 17020：1998《各类检查机构运行的一般准则》的有关要求。标准按 GB/T 1.1—2009《标准化工作导则 第 1 部分：标准的结构和编写》中的要求进行编写。标准共 5 章，正文的框架结构如下：

1 范围

2 规范性引用文件

3 术语和定义

4 管理要求

4.1 组织

4.2 管理体系

4.3 文件控制

4.4 要求、标书和合同评审

4.5 检测检验的分包

4.6 服务和供应品的采购

4.7 服务客户

4.8 申诉与投诉

4.9 改进

4.10 不符合工作的控制

4 11 纠正措施

4.12 预防措施

4.13 记录的控制

4.14 内部审核

4.15 管理评审

5 技术要求

5.1 总则

5.2 人员

5.3 设施和环境条件

5.4 检测检验方法

5.5 仪器设备

5.6 测量溯源性

5.7 抽样

5.8 检测检验物品（样品）的处置

5.9 检测检验结果质量的保证

5.10 结果报告

标准对安全生产检测检验机构的通用要求包括“管理要求”共15部分，称为15个要素；“技术要求”共10个部分，称为10个要素。总共是25个要素。

第三节 AQ 8006—2010标准适用范围

一、标准条文

1 范围

本标准规定了对安全生产检测检验机构进行安全生产检测检验的能力的通用要求。

本标准适用于安全生产检测检验机构建立管理体系，是对安全生产检测检验机构进行资质评审的依据。

本标准不包含安全生产检测检验机构运作中应符合的法律法规要求。

二、标准条文理解

范围的第一段规定：“本标准规定了对安全生产检测检验机构的通用要求，包括管理要求和技术要求”。

安全生产检测检验涉及工矿商贸生产经营单位影响从业人员安全和健康的设施、设备、产品的安全性能和作业场所存在的危险性等进行的检测检验和/或检查。因此，AQ 8006—2010《安全生产检测检验机构能力的通用要求》，对安全生产检测检验而言，还只是一个基本要求。它从管理要求和技术要求两个层面，规定了安全生产检测检验机构应具备的 25 个要素的通用要求，但对于不同行业的安全生产检测检验机构，除了通用要求外，根据安全生产检测检验的特殊性，还会颁布某些领域的应用细则，对 25 个要素中需要特别关注的要素给出特殊要求。

范围的第二段规定："本标准适用于安全生产检测检验机构建立管理体系，是对安全生产检测检验机构进行资质评审的依据"。

这段文字有两层意思，首先表明，安全生产检测检验机构应按本标准的要求、结合机构的自身具体情况，建立适合机构自身运作要求的管理体系。由于 AQ 8006—2010 本身只是一个基本要求，在将客观存在的管理体系文件化时，应对 AQ 8006—2010 中的 25 个要素进行全面、系统的描述。第二层意思是，安全生产检测检验机构从事安全生产检测检验首先应申请获得资质认定。安全生产检测检验机构资质认定的第一步是资质认定评审，AQ 8006—2010 则是机构资质认定评审的依据。为此，机构应完整、准确地满足 AQ 8006—2010 的要求。

然而，安全生产检测检验机构是为客户提供技术服务的，机构是否具备所提供服务的能力、资源，应得到客户的认可。适合检测检验机构的文件化管理体系，也是机构得到客户认可的最好证明。

范围的第三段规定："本标准不包含安全生产检测检验机构运作中应符合的法律法规要求"。

安全生产检测检验必须遵循其应符合的法律法规要求，本标准规定的 25 个基本要素是安全生产检测检验机构依法从事检测检验活动应具备的基本管理要求和技术要求。

第四节 术语及定义

安全生产检测检验毕竟不同于其他的检测检验活动。因此，除了其他检测检验领域的术语外，它还有自己特定意义的术语。对这些术语的含义有必要特别界定。

一、AQ 8006—2010 中的术语

AQ 8006—2010 采用的术语及定义，包括 ISO/IEC 17000、VIM 和 ISO/IEC 17025：2005 规定的术语，并根据安全生产检测检验的特殊性，以《安全生产法》、总局第 12 号令中规定的术语与定义为基础，给出了以下术语及定义。

> 标准条文：
>
> 3.1
>
> **安全性能　safety performance**
>
> 设施、仪器设备、材料、产品和作业场所等应具备的保证从业人员生命安全和健康的性能和状态。

标准条文理解：

本术语界定了 2 件事：

（1）安全性能是设施、仪器设备、材料、产品和作业场所等对象应具备的；

（2）安全性能是以上对象保证从业人员生命安全和健康的性能和状态。

> 标准条文：
>
> 3.2
>
> **安全生产检测检验　work safety testing and inspecting**
>
> 根据《中华人民共和国安全生产法》等相关法律、法规、规章的规定，依据国家有关标准、规范等技术规范等进行安全性能检测检验和（或）检查，为安全生产监管监察部门、认证机构和生产经营单位等出具具有证明作用的数据和结果的活动。

标准条文理解：

本术语界定了 3 件事：

（1）安全生产检测检验是依法、按照技术规范开展检测检验活动；

（2）安全生产检测检验的工作范围；

（3）安全生产检测检验是一种活动，目的是出具具有证明作用的数据和结果。

标准条文：

3.3

安全生产检测检验机构 work safety testing and inspecting organization

从事安全生产检测检验的组织。

标准条文理解：

本术语界定了 3 件事：

(1) 安全生产检测检验机构检测检验活动的范围；

(2) 安全生产检测检验机构服务对象是安全生产监督管理部门、煤矿安全监察机构和工矿商贸生产经营单位；

(3) 安全生产检测检验机构应是一个实体。

标准条文：

3.4

[安全生产] 检测检验人员 work safety testing and inspecting personnel

在安全生产检测检验机构内从事安全生产检测检验工作的专职人员。

标准条文理解：

本术语界定了 2 件事：

(1) 安全生产检测检验人员应是专职的；

(2) 安全生产检测检验人员只应在一个安全生产检测检验机构内任职。

标准条文：

3.5

安全生产检测检验资质 qualification of work safety testing and inspecting

经资质认定部门认定的检测检验机构具备从事安全生产检测检验活动的基本条件和能力。安全生产检测检验资质分甲级和乙级。

标准条文理解：

本术语界定了 3 件事：

(1) 安全生产检测检验资质是指检测检验机构具备的从事安全生产检测检验活动的基本条件和能力；

（2）安全生产检测检验资质分甲级和乙级；

（3）安全生产检测检验资质，甲级由国家安全生产监督管理总局认定，乙级由省级安全生产监督管理部门或/和煤矿安全监察机构认定。

标准条文：

3.6

甲级［资质的检测检验］机构 testing and inspecting organization of level A

在全国范围从事涉及生产安全的设施设备及产品等的型式检验、安全标志检验、在用检验、监督监察检验、作业场所安全检测和事故物证分析检验等业务的安全生产检测检验机构。

标准条文理解：

本术语界定了3件事：

（1）甲级资质检测检验机构由国家安全生产监督管理总局认定；

（2）甲级资质检测检验机构可在全国范围内开展检验活动；

（3）甲级资质检测检验机构的检验范围包括生产安全的设施设备（特种设备除外）及产品的型式检验、安全标志检验、在用检验、监督监察检验、作业场所安全检测和事故物证分析检验。

标准条文：

3.7

乙级［资质的检测检验］机构 testing and inspecting organization of level B

在所在省、自治区、直辖市范围内从事涉及生产安全的设施设备等的在用检验、监督监察检验、作业场所安全检测和重大事故及以下物证分析检验等业务的安全生产检测检验机构。

标准条文理解：

本术语界定了3件事：

（1）乙级资质检测检验机构由省级安全生产监督管理部门、煤矿安全监察机构认定；

(2) 乙级资质检测检验机构可在其所在地域开展检测检验业务；

(3) 乙级资质检测检验机构的检验范围包括涉及生产安全的设施设备（特种设备除外）在用检验、监督监察检验、作业场所安全检测和重大事故以下物证分析检验等。

标准条文：

3.8

资质评审 assessment for qualification

由国家安全生产监督管理总局的评审专家依据法律法规、规章以及标准、规范等对检测检验机构的安全生产检测检验能力进行评价的活动。资质评审分为初次评审、定期监督评审、不定期监督评审、换证评审、增项评审和变更评审。

标准条文理解：

本术语界定了4件事：

(1) 资质评审由国家安全生产监督管理总局的评审专家库中的专家来完成；

(2) 资质评审的依据是法律、法规、规定以及标准、规范；

(3) 资质评审是对安全生产检测检验机构能力评价的一种活动；

(4) 资质认定评审的类别。

标准条文：

3.9

高层管理者 top management

在最高层指挥和控制安全生产检测检验机构的一组人员。

标准条文理解：

本术语界定了2件事：

(1) 高层管理者是最高层的一组人员；

(2) 高层管理应能指挥和控制安全生产检测检验机构。

标准条文：

3.10

授权签字人 authorized signatory (ies)

由检测检验机构申请，经资质认定部门考核批准，安全生产检测检验机构授权，负责批准授权范围内检测检验报告的人员。

标准条文理解：

本术语界定了4件事：

（1）授权签字人应由检测检验机构申请；

（2）授权签字人需要经资质管理部门考核批准；

（3）授权签字人应经安全生产检测检验机构授权；

（4）授权签字人只能在授权范围批准检测检验报告。

二、检测检验通用术语

检测检验专业有自己特有的通用术语，但并不是每一个检测检验从业人员都理解其定义及其在检测检验活动中特定的内容或活动。

1 校准 calibration

在规定条件下，为确定测量仪器（或测量系统）所指示的量值，或实物量具（或参考物质）所代表的值，与对应的由测量标准所复现的值之间关系的一组操作。

2 检定 verification

通过检查和提供客观证据，表明规定的要求已经得到满足的一种确认。

3 检测（测试、试验）test

为确定某一物质的性质、特征、组成等而进行的试验，或根据一定的要求和标准来检查试验对象品质的优良程度。

4 检验 inspection

对实体的一个或多个特性进行的诸如测量、检查、试验或度量并将结果与规定要求进行比较以确定每项特性合格情况所进行的活动。

通常把对物理特性的检验称为物理检验；对化学性质或组成的检验称为化学检验或简称化验。

三、管理体系通用术语

管理体系也有自己特有的通用术语，但在不同的文件中定义有所差别，这里我们根据 AQ 8006—2010 的内容，选取了一组较为贴切的定义。

1 管理体系 management system

在质量方面指挥和控制组织的管理的体系。管理体系通常包括制定质量方针、目标以及管理体系策划、管理体系活动控制、质量保证和管理体系改进等活动。

管理手册是证实或描述文件化管理体系的主要文件，是阐明一个组织的质量方针，并描述其管理体系的文件。它规定了管理体系的基本结构，是实施和保持管理体系应长期遵循的文件。

2 组织结构 organizational structure

组织结构是表明组织各部分排列顺序、空间位置、聚散状态、联系方式以及各要素之间相互关系的一种模式，是整个管理系统的“框架”。组织结构是组织的全体成员为实现组织目标，在管理工作中进行分工协作，在职务范围、责任、权利方面所形成的结构体系。

组织结构是组织为行使其职能按某种方式对人员的职责、权限和相互关系的安排。这包括部门设置、岗位设置、规定岗位职责和部门职责、规定岗位间和部门间的关系、对岗位和部门的管理权限授权。

每一检测检验机构的最高管理者，都应以机构正式文件确定组织的“组织结构”。

3 过程

过程是将输入转换成输出的互相关联或互相作用的一组活动。“过程”可以是多个“过程阶段”串联组成检测检验的全流程或“系统”；在“过程阶段”中可以有多个“子过程”并联。无论是什么情况，安全生产检测检验过程应确定。对确定的过程进行控制。

4 程序

程序是为完成某项活动所规定的方法。

描述程序的文件称为程序文件。程序文件是管理手册的支持性文件，每一程序文件应针对质量体系中一个逻辑上独立的活动。

在标准中，凡提到“有……政策和程序”的条款，机构都应建立相应的程序文件或相应的管理要求，即管理制度。政策和程序应文件化。检测检验机构开展检测检验活动的程序已经建立并文件化时，实际活动一定应按《程序文件》规定的流程要求进行，避免说的是一套，做的是另一套。那样，建立程序就没有意义。

程序文件一般由以下部分组成：

（1）目的

说明程序所控制的活动及控制目的。

（2）适用范围

程序所涉及的有关部门和活动；

程序所涉及的相关人员、产品。

（3）职责

规定负责实施该项程序的部门或人员及其责任和权限；

规定与实施该项程序相关的部门或人员的责任和权限。

（4）工作程序

按活动的逻辑顺序写出开展该项活动的各个细节；

规定应做的事情（What）；

明确每一活动的实施者（Who）；

规定活动的时间（When）；

说明在何处实施（Where）；

规定具体实施办法（How）；

所采用的材料、设备、引用的文件等；

如何进行控制；

应保留的记录；

例外特殊情况的处理方式等。

（5）支持文件

在《程序文件》中涉及的其他文件，包括：涉及的相关程序文件，引用的作业指导书、操作规程及其他技术文件，涉及的其他管理性文件等。

（6）相关的记录

所使用的记录、表格等。

5　**资源**

资源是组织从事某项活动所具备的全部条件，包括人员、技术、方法、图样、财产、资金、设备、设施、品牌、注册商标、市场占有率、固定客户数、资质等。

第二章　管理要求

AQ 8006—2010对安全生产检测检验机构（以下简称检测检验机构）的管理提出了15个方面的通用要求，即15个管理要素：组织；管理体系；文件控制；要求、标书和合同的评审；检测检验分包；服务和供应品的采购；服务客户；申诉与投诉；不符合工作的控制；改进；纠正措施；预防措施；记录的控制；内部审核；管理评审。本章我们对管理要求的15个要素逐个讲解。

第一节　组　　织

一、标准条文

4.1　组织

4.1.1　安全生产检测检验机构应具有法人资格，能独立、客观、公正地从事安全生产检测检验活动，并对其检测检验结果负责。

4.1.2　检测检验机构有责任确保所从事的检测检验活动符合本标准的要求，并能满足安全生产监管监察部门、客户的需求。

4.1.3　安全生产检测检验机构应有与所从事检测检验活动、资质有效期相适应的固定工作场所，具备正确进行检测检验所需要的并且能独立调配使用的固定或临时或可移动的检测设备、设施。

4.1.4　安全生产检测检验机构的管理体系应覆盖其在固定设施内、离开其固定设施的场所，或在相关的临时或移动设施中进行的工作。

4.1.5　如果安全生产检测检验机构还从事安全生产检测检验以外的活动，为识别潜在利益冲突，应规定参与安全生产检测检验活动，或对安全生产检测检验活动有影响的关键人员的职责。

4.1.6　安全生产检测检验机构应具备以下要求：

a）有与其从事安全生产检测检验活动相适应的管理人员和专业技术人员，他们应具有所需的权力和资源来履行包括实施、保持和改进管理体系的职责，识别对管理体系或检测检验程序的偏离，以及采取措施预防或减少偏离（见5.2）；

b）有措施或制度确保其管理层和员工不受任何来自内外部的不正当的商业、财务和其他对工作质量有不良影响的压力和影响，并防止商业贿赂；

c）有保护客户机密信息和所有权的政策和程序，包括电子存储和传输结果的保护程序；

d）有政策和程序避免其管理层和员工参与任何会降低其在能力、公正性、判断力或运作诚实性方面的可信度的活动，避免从事与安全生产检测检验活动有关的产品设计、研制、生产、销售、安装、使用、维修等与出具的数据和结果存在利益关系的活动；

e）有确定的组织和管理结构，以及明确的质量管理、技术运作和支持服务之间的关系；

f）规定对检测检验质量有影响的所有管理、操作和核查人员的职责、权力和相互关系；

g）有安全生产检测检验机构高层管理者及各部门主管的任命文件，高层管理者的变更需报资质认定机关备案，授权签字人的变更需报资质认定考核批准；

h）有熟悉各项安全生产检测检验方法、程序、目的和结果评价的监督人员，经明确授权，对检测检验人员包括在培员工、安全生产检测检验的关键环节进行充分监督；

i）在高层管理者中指定一名技术负责人，全面负责技术运作和提供确保安全生产检测检验机构运作质量所需的资源；

j）在高层管理者中指定一名质量负责人，赋予其能保证管理体系有效运行的职责和权力；

k）指定最高管理者、技术负责人、质量负责人等关键管理人员的代理人，并在管理手册中予以规定；

l）确保检测检验人员理解他们活动的相关性和重要性，以及如何为实现管理体系质量目标做贡献；

m）有程序确保新开展的安全生产检测检验工作符合标准的要求；

n）有措施或制度确保安全生产检测检验活动中人员、仪器设备、设施及被检对象等的安全；

o）有措施或制度确保安全监管监察部门下达的指令性安全生产检测检验任务按计划保质保量完成；

p）有措施或制度确保检测检验收费公开、透明。

4.1.7　最高管理者应确保在检测检验机构内部建立适宜的沟通机制，并就确保与管理体系有效性的事宜进行沟通。

二、标准条文理解

4.1　组织：是把人力、物力和财力等按一定的形式和结构，为实现共同的目标、任务或利益有秩序有成效地组合起来而开展活动的社会单位。在本标准中，就是安全生产检测检验机构本身。一个组织应有客观存在的组织结构。

在文件化管理体系中，组织结构应以框图的形式表示。当机构还开展安全生产检测检验以外的活动时，在组织结构框图中对此应有适当的表示。组织结构框图中的下层应服从上层的指挥；框图中的同一层为平等协作关系。在组织结构框图中，宜表示出技术管理系统和质量管理系统。

技术管理系统应是在机构的高层领导下，机构的技术负责人领导机构的技术管理机构、各层次的技术主管。

质量管理系统应是在机构的高层领导下，机构的质量负责人领导机构的监督机构、各层次的质量主管、基层的质量监督员、组织的内审员。

4.1.1　要求安全生产检测检验机构应具有法人资格，就是机构应为独立法人。安全生产检测检验乙级机构必须是独立法人；安全生产检测检验甲级机构暂时可为母体组织中的一部分，即挂靠法人单位。

理论上“独立法人资格”的要求关键在于具备独立的民事行为能力，能够独立承担民事责任。“独立法人”可以是国家机关、事业单位、社会法人、企业法人。

要求检测检验机构具有法人资格，其目的在于保证机构能独立、公正、客观地开展检测检验活动，能科学、客观、诚实地出具检测检验结果，能对检测检验结果做出独立、公正的判断。同时，具备承担法律责任的能力。

独立法人特征：

——依法成立。在政府工商管理机关登记、注册。取得工商营业执照或事业法人证书。工商营业执照或事业法人证书的经营范围中，应包括检测检验内容。

——有必要的财产与经费。即有设备、设施和资金。

——有自己的名称、组织机构和场所。

——能独立承担民事责任。

单位的具体性质可以依据该单位的《企业法人营业执照》或者《事业单位法人证书》予以最终确定。

独立法人机构的最高管理者应是机构的法人代表。机构的最高管理者应发布正式书面公正性声明。公正性声明应列入管理体系文件中。

当检测检验机构是母体组织中的一部分时，母体应是独立法人。母体组织独立法人单位的法人代表必须出具正式书面授权，授权机构开展检测检验活动，并且应承诺当检测检验机构被追究法律责任时，承担起检测检验机构应负的法律责任。目前，这种情况仅限于安全生产检测检验甲级机构。当母体组织独立法人单位的法人代表出任检测检验机构的最高管理者时，不必出具检测检验的授权书，但应以正式文件声明，当检测检验机构被追究法律责任时，由法人单位承担法律责任。

4.1.2　在管理体系文件中，应完整地叙述本条款的内容。在管理体系相应的文件中，应就如何满足客户，以及安全生产监督管理部门、煤矿安全监察机构（以下简称安全生产监管监察部门）的需求，一项一项地表述、落实。

（1）“符合标准的要求”。

首先就是要按标准中 25 个要素的要求建立机构的管理体系并持续有效地运行。《管理手册》应结合机构的实际情况，对如何满足标准要求进行逐条逐项的表述。

(2)“能满足客户的需求”。

安全生产检测检验是为客户提供技术服务的，客户的存在是检测检验机构生存的基本保证。没有客户对检测检验的需求，检测检验机构也就无法生存。因此，本标准中多处规定了如何满足客户的需求，如在：“保护客户机密信息”“服务客户承诺”“合同评审”“分包”“服务客户”“处理投诉”“不符合工作控制”“纠正措施程序的实施”“管理评审”“检测检验方法的选择”“抽样及试品的接收与处置”“检测检验结果报告的出具”中等。还要求检测检验机构主动征求客户意见，告知检测检验中发现的安全隐患。

(3)“满足安全生产监管监察部门的需求”。

国家安全生产监督管理总局、省级安全生产监督管理局和省级煤矿安全监察局是本标准中所提到的“安全生产监管监察部门”的总体。在标准与本书中也统一称为安全监管监察部门。安全监管监察部门既是检测检验机构资质审批机构，又是检测检验机构活动的监督机构，同时，检测检验机构又是安全生产监管监察部门安全执法的技术支撑。因此，安全生产检测检验机构应随时关注安全生产监管监察部门对检测检验工作的新要求和新规定，对安全生产监管监察部门发布的与安全生产检测检验有关的法规、指令应及时组织宣贯和落实，不失时机地改进检测检验工作的管理；时刻准备为安全生产监管监察部门的执法监督监察提供技术支撑。安全生产监察监管部门的需求包括上述“安全隐患报告”，4.1.6o) 所述对安全生产监管监察部门下达的指令性计划的管控措施，以及根据安全生产监管监察部门要求开展的科研项目、标准制定和统计分析工作等。

4.1.3　工作场所和检测设备、设施的要求

首先，检测检验机构应有固定的工作场所，包括具备接待客户、开展检验、正常办公等应与检测检验工作相适应的条件。租赁工作场地应有正式租赁合同，租赁合同期应满足资质有效期的要求。

第二，检测检验机构的检测设备、设施应能独立调配使用。尤其应注意，租赁检测设备、设施亦应能独立调配使用。这里最关键的是“自主管理和调配使用”。只有确保“自主管理和调配使用”，检测检验机构才可能自主、不受限制和干扰，按照标准的要求使用和维护检测检验设备、设施，建立并保持符合检测检验方法要求的环境条件，确保对设备、设施的正确溯源并在一个检定周

期内持续有效。

4.1.4　管理体系覆盖面的要求

检测检验活动可能在固定设施内、离开其固定设施、相关的临时或移动设施中进行。因此，在《管理手册》中，首先应将“检测检验机构的管理体系应覆盖在固定设施内、离开其固定设施、相关的临时或移动设施中等所有工作场所进行的工作”这一段话，完整地写出来，也就是在《管理手册》中先提出要求，然后制定相应的支持文件，包括措施、程序、管理制度等，来保证这些要求得到满足。第二，描述用哪些措施、程序、管理制度等，保证在固定设施内的检测检验质量。第三，描述用哪些措施、程序、管理制度等，保证离开固定设施和其他设施中的检测检验质量。

4.1.5　从事检测检验以外活动的要求

首先，检测检验机构还从事检测检验以外的活动时，对从事检测检验以外活动的部门，在机构的组织结构图中应客观、如实地表示出来，表明这些活动与检测检验间的关系。当前，只有极个别的检测检验机构单一从事检测检验，绝大多数是“检测检验业务”只是其经营活动的一部分，甚至是一小部分。甲级检测检验机构是如此，乙级检测检验机构更是如此。鉴于这一情况，检测检验机构为保证其检测检验活动的独立、客观、公正，就必须识别其他部门及人员所从事的活动与检测检验之间潜在的利益冲突。

第二，在“识别潜在利益冲突”的基础上，应在管理体系文件中明确规定进行其他活动的部门、人员的行为，防止对机构的安全生产检测检验的独立性和公正性产生不良影响，必要时可建立专门的管理制度。

第三，对涉及检测检验或对检测检验有影响的关键人员的职责应进行界定。即在涉及检测检验时，关键人员在履行岗位职责时，不能有损检测检验的公正性。

4.1.6　检测检验机构应具备的条件

a）有与其从事检测检验活动相适应的管理人员和专业技术人员

管理人员包括最高管理者，其职责是：提出检测检验活动质量方针；制定质量目标；建立管理体系；实施、保持和改进管理体系；制订检测检验活动计划；安排、指挥、调度、协调检测检验工作；识别对管理体系或检测检验程序的偏离，采取措施预防或减少偏离。管理人员为了能圆满地履行这些职责，除授予他们履行职责所必需的权力外，他们自身还必须具有与管理活动内容相适应的管理素质和技术知识。管理素质体现在检测检验活动中的指挥调度水平与组织协调能力；对技术知识的了解至少应达到基本掌握所检对象的基本技术要求，研讨检测检验技术业务时，能对与会人员的发言做出正确的判断。他们应有检测检验管理工作经验，应熟悉安全生产检测检验法律、法规、规章和本机构的文件化管理体系，充分了解安全生产监管监察部门的要求，能敏锐地识别对管理体系或检测检验程序的偏离，能当机立断采取纠正措施，防止或减少偏离。

安全生产检测检验活动中，专业技术人员是活动的主体。在检测检验活动中，为履行其职责，除需赋予专业技术人员适当的权力外，他们自身还应具有与其从事的检测检验业务相适应的业务素质、专业知识、技术能力和资源。专业技术人员的技术能力和资源，体现在与所从事的检测检验业务相关的受专业教育的程度、技术工作经历、培训经历，还体现在熟悉安全生产监管监察部门的要求、机构的管理体系文件、检测检验标准、技术规范、程序、作业指导文件，熟练指挥检测检验操作，具有及时处理和解决检测检验中遇到的技术问题的能力，对机构当前和未来检测检验工作发展的考虑等。当然专业技术职称是必要的，但应与所从事的检测检验业务相关。

b）有防止干扰保证独立开展检测检验工作的管理制度或措施

保证检测检验工作独立、客观、公开、公正、诚实、守信是对检测检验机构的基本要求。对此，机构应在管理体系文件里明确规定安全生产检测检验人员行为规范，确保员工不受来自内部或外部的不正当的商业、财务和其他方面的压力和影响，诚实开展检测检验工作；不屈服于外部压力，对检测检验结果做出独立判断；防止商业贿赂，公平公正地出具检测检验结果。必要时可建立专门的管理制度。这里的“人员”包括管理者和一般员工。

机构的最高管理者应发布公正性声明，排除和抵制来自任何方面的干扰和不正当的影响；挂靠法人单位的机构，母体组织的法人代表应发布公正性声明，承诺不干预检测检验工作，保证检测检验工作的独立性和公正性。

制定专门的管理制度时，内容应包含该制度的目的、意义、作用、管理范围、规定管理工作要求的相关内容和相应职责、实施、对违反管理制度的处理等。

c）有保护客户机密信息和所有权的政策和程序

在标准条文中，经常有“机构应有……的政策和程序”的要求。标准条文中的“政策”，一般理解为“管理规定”，针对“管理规定”，机构应在相关的程序文件中有明确的条款规定，或建立相应的“管理要求”/“管理制度”。

对标准中的这一条，在管理体系文件中，应建立《保护客户机密信息和所有权的程序》，其流程见图2.1。必要时，机构还可单独建立《保密管理制度》。

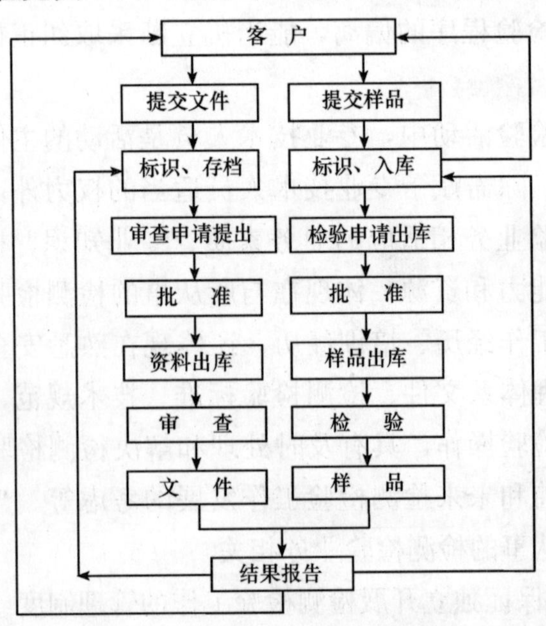

图2.1 保护客户所有权程序流程

“客户机密信息和所有权”包括技术、图样资料、产品知识产权、产品检验结果。

收到客户的技术、图样资料应立即编号、登账、存档案室。当正常检测检验需要对技术、图样资料进行审查时，必须经过批准，方可从档案室提出。审查中，负责审查的人员，对客户的技术、图样资料负有保密的义务，无关人员不得接触。审查完毕，应及时送回档案室。

收到客户的样品，同样应立即编号、登账、入样品库。当进行检验时，必须经过批准，方可从样品库提出。检验中，检验人员对客户的样品负有保密的义务，无关人员不得接触。检验完毕，样品应送回样品库（消耗掉的除外）。检验数据、检验报告经批准后，该给客户的，由相关部门发送。该存档的，立即存入档案室。检验情况不得向他人透露。

涉及客户秘密和国家秘密的数据，按《保密管理制度》管理，检验人员无权向外透露。

d）有公正开展检测检验工作的政策和程序

①政策和程序应使机构避免卷入任何会降低其在能力、公正性、判断力或运作诚实性方面可信度的活动。

检测检验机构的能力一定要通过权威机构的认可，取得相应检测检验资质，在授予资质的范围内开展检测检验工作并接受相关方的监督；

检测检验机构应独立、公正，不受外界干扰地开展检测检验工作。检验人员对检测检验结果应诚实记录，以检测数据为基础，对检测检验结果独立作出判断。

②政策和程序应使机构避免与其从事的检测检验活动以及出具的数据和结果存在利益关系。

检测检验机构的经营思想应体现不以营利为目的的经营理念。

切实贯彻执行防止商业贿赂的相关规定，正常的检测检验收费照章执行，不接受客户的商业赞助，防止钱权交易。

对检测检验人员的考核以及给予的报酬不应与检测检验结果挂钩。

③政策和程序应使机构避免参与和检测检验项目或者类似的竞争性项目有关系的产品设计、研制、生产、供应、安装、使用或者维修活动。

切实贯彻执行《保护客户机密信息和所有权的程序》和严格遵守《安全生产检测检验人员行为规范》，尊重客户知识产权，保护客户技术秘密，检测检验机构及其人员不参与所检产品的设计、研制、生产、供应、代言、促销、安装、使用或者维修活动。

e）有确定的组织和管理结构

安全生产检测检验机构应有确定的组织和管理结构，并予以公布，从而保证检测检验活动的管理有序开展、指挥调度有效得力。管理结构还应以框图的形式在管理体系文件中表示出来，这便是上面已经提到的“组织结构图”“质量管理系统图”和“技术管理系统图”。

f）应规定对检测检验质量有影响的所有管理、操作和核查人员的职责、权力和相互关系检测检验机构应在管理体系文件的组织结构中，为设定的部门、岗位，制定职责分配表，确定各部门、各级（高层、中层）管理人员、检测检验人员、核查（审核）人员、内审员、质量监督员的岗位职责范围，如表 2.1 所示。

表 2.1　　机构部门、岗位职责分配表

岗位及部门		最高管理者	技术主管	质量主管	技术管理部门	质量监督部门	机构办公室	检验室	…	…
4.1	组织	●	○	○	○	◎	◎	○	○	◎
	…									
	…									

●一负决策责任；○一负执行责任；◎一协助决策责任（兼负核查责任）。

机构应将各个部门、各级各类人员的职责和权利及其相互关系文件化。一名管理人员可能兼职几个岗位，他在每一岗位会有不同的职责和权利。因此，对每一岗位（包括检测检验的操作人员）的职责和权利都应分别表述清楚。一旦需要进行责任追究时，这就是追究的依据。

为了体系运作顺畅有序，部门间、岗位间的相互关系应确定。

部门职责和权利、人员岗位职责和权利应明确。所有职责应落实到部门或岗位，做到事事有人管。部门间的职责不应交叉，人员岗位间的职责也不应交叉，做到各负其责，避免责任追究时互相推诿。

g）有检测检验机构高层管理者及各部门主管的任命文件

检测检验机构最高管理者的任命，有主管部门的，应以主管部门文件任命。没有主管部门的，检测检验机构最高层管理者应由法人代表担任。

检测检验机构高层中的其他管理者的任命，有主管部门的，应以主管部门文件任命。没有主管部门的，由检测检验机构最高管理者以机构文件任命。

机构各部门主管，以机构文件任命。

机构的技术负责人、质量负责人、授权签字人应以机构行文任命。机构的授权签字人经资质授予机构考核确认后，行使授权范围内的签字权。

机构的高层管理者、机构的技术负责人、质量负责人、授权签字人属机构的关键人员，他们的任命和变更应在资质管理机关备案。

机构的授权签字人变更应报资质管理机关考核、确认。

h）有质量监督员

实施质量监督员制度就是实施管理活动的“过程控制”。

机构的质量监督员应以机构行文任命，即授权执行监督职责。质量监督员的人数应与机构开展的检测检验业务量和专业范围相适应。检测检验业务量较大，同一专业在检测业务活动可能平行进行时，一个检测现场应有一名质量监督员；检测检验业务量不是很大时，一个专业应有一名质量监督员。质量监督员不要求专职，但质量监督员不能监督本人的工作。

质量监督员的任职条件是：熟悉各项检测检验方法、程序、目的和结果评价。

质量监督员的任务是：

——对检测检验人员（包括在培员工）进行充分监督；

——对检测检验的关键环节进行充分监督。

监督的内容：

——检测检验方法（环境条件、设施、设备、所用方法、检测检验流程中的关键环节）；

——检测检验程序（标准的或规定的作业流程）；

——检测检验结果与检测检验记录、核查记录、计算结果的一致性；

——检测检验结论与检测检验结果的一致性；

——检测检验质量控制活动的正确性与有效性。

i）在高层管理者中指定一名技术负责人

机构技术负责人的任职条件是：机构的高层管理者之一，即检测公司的经理、副经理或助理，或检测中心的主任、副主任或助理。这一条件保证了在检测检验技术运作中的话语权和处置权。

机构技术负责人负责管理体系的技术要求，其岗位职责为：

①全面负责技术运作，这包括当前的、长远的技术工作计划与规划；处理和解决检验技术难题；主持检验方法验证、开发和研制检验设备等；

②提供确保检测检验机构运作质量所需的资源。所需的资源主要是技术、标准、信息、人员素质、设备、设施、材料、作业指导文件。

j）在高层管理者中指定一名质量负责人

机构质量负责人的任职条件是：机构的高层管理者之一，即检测公司的经理、副经理或助理，或检测中心的主任、副主任或助理。这一条件保证了质量负责人在质量管理工作中的话语权和处置权。

机构质量负责人负责管理体系的管理要求，其岗位职责为：

制定机构质量计划并组织实施、建立并维持管理体系，保证管理体系持续有效运行。

机构质量负责人有直接与最高管理者接触、沟通；暂停不符合的检测工作、决定增加内审频次、监督检查检测检验活动、检查各部门管理体系文件的实施情况等权利。

k）指定关键人员的代理人

最高管理者、技术负责人、质量负责人等关键管理人员因公暂时离岗是经常出现的正常情况，指定其代理人是保持管理工作连续性的需要。代理要求应在管理手册中予以规定。

最高管理者、技术负责人、质量负责人等关键管理人员的代理人应预先指定，并在管理手册中有所规定，且有相关人的签字识别。预先指定的目的，一是有准备地确认代理人的相关资源，二是防止不具备相关资源的人超范围行使权力，给管理工作造成损害。

l）有措施保证全员参与机构的活动

管理八大原则中的第三大原则就是“全员参与”。检测检验机构的这一条件就是贯彻执行管理八大原则中的“全员参与”原则。让员工干什么，首先应让其知道为什么？让其知道为什么的最佳途径就是进行理论武装。安全生产法规、安全生产检测检验法规、管理体系文件等，应在全体员工中进行宣贯，讲述其基本内容，阐述其确保安全生产的重要性，最后让检测检验机构人员理解他们所从事的检测检验活动的相互关系和重要性，以及如何为管理体系质量目标的实现作出贡献。

m）有程序确保新开展的检测检验项目符合标准的要求

开展新的安全生产检测检验项目应按程序进行评审，保证其符合本标准的要求。开展新的安全生产检测检验项目的评审流程如图 2.2 所示。检测检验机构在初次申请资质认定、增项和变更时，就应提交上述项目评审报告。初次申请资质认定的单位，至少应提交能覆盖检测检验申请范围的有代表性的典型的新项目评审报告。否则，现场评审时，对申请项目将可能不被确认。

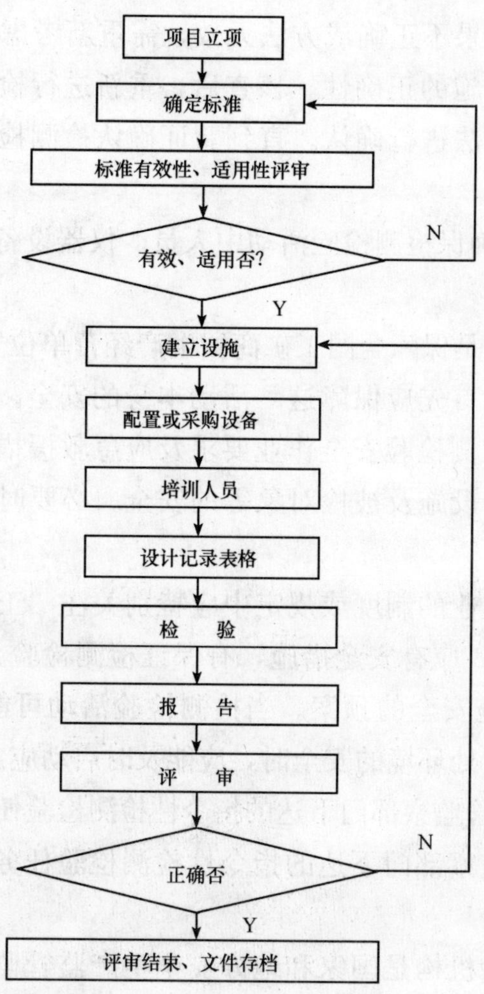

图 2.2 新检测检验项目评审流程图

①立项，即制订计划。对项目的可行性进行论证。

②选用检测检验标准。标准的选择应考虑与安全生产有关。

③对所选标准的现行有效性和适用性进行评审。所选标准应现行有效，否则，检测检验结果将不可能成为具有法律效力的证据；所选标准还应注意适用性，所选标准不适用，将不可能达到检测检验的预期目的，所得检测检验结果将不具有说服力。

④根据有效且适用标准的要求，配置或采购检测设备、创建满足标准要求的检测环境条件、培训检测检验人员、设计检测用记录表格、进行检测检验、编制检测检验报告、对检测检验方法进行确认。确认证明结果正确、方法有效，

流程结束；确认证明结果不正确或方法无效，需重新考虑标准的适用性和人员培训的有效性、设备设施的正确性。核查后，重新进行检测检验、编制检测检验报告、对检测检验方法进行确认。直到验证确认检测检验结果正确、方法有效为止。

n）有措施或制度确保检测检验活动中人员、仪器设备、设施及被检对象等的安全

安全生产检测检验是保障全国工矿商贸生产经营单位安全生产的预防措施。实施这一预防措施时，首先应保障这一活动本身的安全。为此，机构在管理体系文件中有明确规定检测检验安全作业要求及应急救援措施，确保检测检验活动中人员、仪器设备、设施及被检对象等的安全。必要时可建立专门的管理制度。

在检测检验安全作业的制度或规定中应特别关注“工矿商贸生产经营现场检验作业的安全要求”，应有安全措施，有保证检测检验人员安全的防护措施、保证检测仪器设备设施安全的预案。当检测检验活动可能危及检测检验人员、被检对象或被检对象所处环境的安全时，应能及时启动应急救援预案等。

o）对安全生产监管监察部门下达的指令性检测检验任务能有效管控

对安全生产监管监察部门下达的指令性检测检验任务，应编制实施计划并保质保量按时完成。

安全生产检测检验机构是国家和地方安全生产监管监察部门安全执法的技术支撑。指令性检测检验任务主要有监督监察检验、作业场所安全检测、事故物证分析检测。这些检测检验任务的共同特点是时间性强，作为执法证据的准确性高。为确保指令性检测检验任务按时间要求完成和保质保量完成，机构应在管理体系文件中明确规定执行指令性检测检验任务的管控要求，包括规定“完成指令性检测检验任务的第一责任人”，他应领导、指挥、监督指令性检测检验任务的实施，及时向相关领导部门汇报。其他职能部门及岗位应全力以赴，保证资源供应，确保指令性检测检验任务按时、保质、保量完成。必要时可建立专门的管理制度。

p）有措施或制度确保检测检验收费公开、透明

安全生产检测检验不以营利为目的。如果国家规定了检测检验收费标准，或有行业指导收费标准的，必须按收费标准收费；对于委托、协议的检测检验，

检测检验机构应对已获认定的检测检验领域的检测项目制定收费标准。在机构内适当的区域应公示检测项目收费标准，或客户能方便了解检测项目收费标准的相关文件。

4.1.7 机构内部的沟通机制

最高管理者应确保在检测检验机构内部建立适宜的沟通机制，并就确保与管理体系有效性的事宜进行沟通。

管理体系有效性应体现在“质量方针”是否得到贯彻执行、质量目标是否切实可行、整个管理体系是否适合本机构、管理体系运行存在什么问题、资源（人员素质、设备、设施）与检测检验要求是否适应、管理方面需要的改进、预防措施程序实施的需求、检测检验结果质量保证的措施。

机构应在管理体系文件中明确规定机构内部沟通要求，沟通方式包括机构例会、检测检验调度会、员工大会、网络公示和征求意见、领导与员工交谈、意见箱等。必要时可建立专门的管理制度。

第二节 管理体系

一、标准条文

> 4.2 管理体系
>
> 4.2.1 安全生产检测检验机构应建立、实施和保持与其活动范围相适应的管理体系，应将其政策、制度、计划、程序和指导书形成文件，文件化的程度应保证检测检验结果的质量。体系文件应传达至有关人员，并被其获取、理解和执行。
>
> 4.2.2 安全生产检测检验机构管理体系中与质量有关的政策，包括质量方针声明，应在质量手册（不论如何称谓）中阐明。应制定总体目标并在管理评审时加以评审。质量方针声明应在最高管理者的授权下发布，至少包括下列内容：
>
> a）对良好职业行为和为客户提供检测检验服务质量的承诺；
>
> b）关于服务标准的声明；

c）与质量有关的管理体系的目的；

d）所有与安全生产检测检验活动有关的人员应熟悉管理体系文件，并在工作中执行政策和程序的要求；

e）对遵守本标准及持续改进管理体系有效性的承诺。

4.2.3　安全生产检测检验机构的最高管理者应提供建立和实施管理体系以及持续改进其有效性承诺的证据。

4.2.4　最高管理者应将满足安全监管监察部门要求、客户要求和法定要求的重要性传达到安全生产检测检验机构。

4.2.5　管理手册应包括或指明含技术程序在内的支持性程序，并概述管理体系中所用文件的架构。

4.2.6　管理手册中应规定技术负责人和质量负责人的作用和责任，包括确保遵守本标准的责任。

4.2.7　当策划和实施管理体系的变更时，最高管理者应确保保持管理体系的完整性。

二、标准条文理解

4.2.1　建立管理体系

一个机构的“管理体系”应体现机构管理的八大原则：

——客户是关注的焦点；

——领导作用；

——全员参与；

——过程方法；

——系统方法；

——基于事实的决策；

——互利的供方关系；

——不断改进。

（1）检测检验机构应按本标准的要求建立、实施和保持“管理体系”，这是为了有序管理检测检验活动，保证检测检验活动的公正性、独立性。

本标准是对安全生产所有检测检验机构的通用要求，同时也是最低要求。

所以，机构在建立文件化管理体系时，应对标准的各条款、结合机构的具体情况，作逐条逐款全面、系统、完整的描述。在现场评审核查表中，要求评审员记录“标准要求”与“对应的管理体系文件名称及章节/条款号”对应关系，所以对管理体系的描述一带而过肯定不符合要求。标准条文是对机构提出的要求。管理体系文件是机构按照自己的工作实际情况向社会和员工阐述，如何满足标准要求的，并将满足标准条文要求的内容写出来。

管理体系文件是为机构管理的需要而建立的，所以应按自身的实际管理情况进行描述，不能简单从事，更不能照抄照搬另一机构的管理体系文件。

(2) 保证管理体系文件的法规性、唯一性、适用性和协调性。

管理体系文件对机构内部就是机构的内部法规。既然具有法规性，它必然是唯一的，不能“政”出多门。管理体系文件是为自身管理需求制定的，它必须具有适用性。管理体系文件不具有适用性，那它便成了“摆设”；管理体系文件是一批文件的总称，所以，在这一批文件间，不能互相矛盾，即具有协调性。

(3) 管理体系文件必须文件化，即形成固定的文本。

固定文本的作用有：对外证明管理体系的存在；为外部审核提供依据；对内，用以对检测检验活动进行监督检查，即成为内部审核的依据、质量监督员监督的依据、全体员工互相监督的依据；便于使用文件的人进行阅读、理解和使用；虽然管理体系的“改进”是经常性的活动，但是，“改进”应有阶段性，保持管理体系的相对稳定；管理活动的依据是管理体系文件，做到有“法”必依，防止管理活动的随意性。

(4) 管理体系文件化，是将机构的政策、制度、计划、程序和指导书制定成文件。

所有文件应让使用的人方便地获得，或将文件的内容向使用的人传达，使文件的内容让使用的人都知道、理解，并付诸实施、执行。管理体系文件传达、宣贯，是管理活动的一部分，对这一活动也应进行记录。

(5) 检测检验机构的管理体系文件是用来指导管理的，是为了“用”，不是为了当摆设、给外人“看”的。

管理体系文件在检测检验活动中一定要付诸实施。在策划某种活动时，应首先了解管理体系文件是如何规定的，按规定要求进行策划和实施，对实施过程应进行记录。应避免说一套，做一套。更不能只说不做或做了无记录。

4.2.2 相关管理规定

检测检验机构为了对检测检验活动进行有效管理，在管理体系中应有与质量有关的政策、制度，应有质量方针和质量目标。

（1）在《管理手册》中，应阐明机构的“质量方针”，规定机构的“质量目标”。在管理评审会议上，应对“质量方针”和“质量目标”进行评审。本着不断改进和与时俱进的原则，“质量方针”可能修改，“质量目标”可能修订。“质量方针”是机构的行动指南，机构的一切活动应在它的指导下展开，它由机构的最高管理者确定并授权发布。

（2）“质量方针”的表述通常比较简洁。但应意含：“对良好职业行为和为客户提供检测检验服务质量的承诺”“关于服务标准的声明”“与质量有关的管理体系的目的”“所有与检测检验活动有关的人员应熟悉管理体系文件并在工作中执行这些政策和程序的要求”“对遵循本标准及持续改进管理体系有效性的承诺”等。上述要求在质量方针中不能完全反映时，还可以在相关文件，如在机构的《公正性声明》中表述。

（3）在《管理手册》中表述的服务承诺，应将“服务承诺”的事项公示，告之客户。

4.2.3 最高管理者应提供建立和实施管理体系以及持续改进其有效性承诺的证据。

这种证据有：

（1）机构的管理体系文件；

（2）管理体系文件运行记录；

（3）机构的质量计划及实施记录；

（4）改进策划及改进实施记录；

（5）关于管理体系有效性的沟通记录；

（6）服务客户记录等。

4.2.4 最高管理者应将满足客户要求和安全生产监管监察部门要求的重要性在机构内部传达。

（1）管理的八大原则中，第一大原则就是“客户是关注的焦点”。检测检验机构是专业技术服务机构。“技术服务”是一种产品。既然是产品，它必须有消费者。没有消费者的产品，其提供者必然无法生存。检测检验机构技术服务产品的消费者就是要求进行检测检验的客户。所以，客户是安全生产检测检验机构存在的条件。客户的要求，包括当前的和长远的、明示的和潜在的要求，检测检验机构的管理者应时刻关注和研究，从而不断改进服务。同时，还应将这一思想在全体员工中贯彻。

(2) 国家和地方安全生产监管监察部门是安全生产检测检验政策、法规、规章的制定者。从安全生产检测检验机构是国家和地方安全生产监管监察部门的监管执法的技术支撑角度来看，国家和地方安全生产监管监察部门又是检测检验机构技术服务产品的客户。为此，检测检验机构应经常关注国家和地方安全生产监管监察部门发布的安全生产检测检验政策、法规、规章。这些政策、法规、规章是安全生产检测检验机构行动的指南，应在机构内部全体员工中进行宣讲，在检测检验管理和实践中贯彻执行。检测检验机构在监督监察检验和事故物证分析检验中，一定要为安全生产监管监察部门提供优质的技术服务。

(3) 安全生产检测检验涉及全国工矿商贸生产经营单位和从业人员的生命财产安全。检测检验活动的任何疏忽，都将会带来严重的后果。

综上，最高管理者要将满足客户要求和安全生产监管监察部门要求的重要性传达到检测检验机构全体人员，满足客户要求和安全生产监管监察部门要求的重要性要经常讲，并记录。

4.2.5　管理体系文件框架

(1) 管理体系文件通常可包括《管理手册》《程序文件》《作业指导书》和《记录》四个层次，如图 2.3 所示。

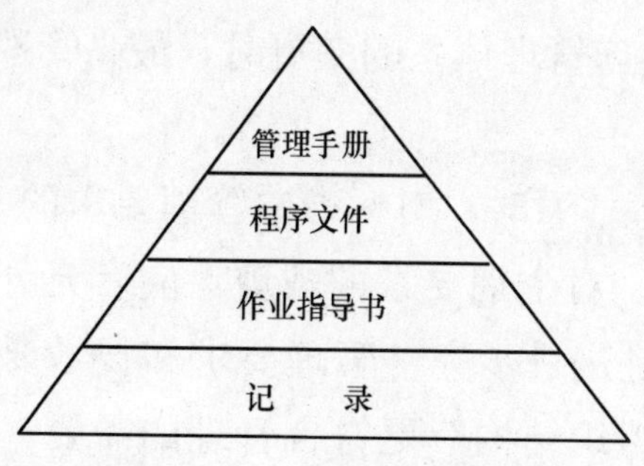

图 2.3　管理体系文件框架图

(2)《管理手册》是管理体系文件的第一层次文件，它包括质量方针、质量目标、机构的管理要求和技术要求，是机构管理工作的依据。在《管理手册》

中应反映管理体系文件框架，如程序文件的组成、作业指导书的组成、记录的组成。在《管理手册》中还应反映相关资源，如机构人员组成、设备、设施、相关资质等。

(3)《程序文件》是管理体系文件的第二层次文件，是第一层次文件《管理手册》的支持文件。在管理体系文件除应包含本标准要求的程序文件外，还应包含结合机构管理和技术运作实际所需的程序。

(4)《作业指导书》是管理体系文件的第三层次文件，是第二层次文件《程序文件》的支持文件。《作业指导书》可能包含操作规程、检验细则、检验方法、检查方法、校准方法等。《作业指导书》是检测作业的指导文件，所以，《作业指导书》内容应清晰易懂、具有可操作性。

(5)《记录》是管理体系文件的第四层次文件，它包含管理记录、技术记录（含检测报告）等，是机构质量活动和技术活动的证据。特别是技术记录，其格式的设计应保证《记录》能包含充分的信息，以便在可能时识别不确定度的影响因素，并确保检测检验活动在尽可能接近原条件的情况下能够重复。

(6) 4个层次文件构成管理体系文件的框架，从上到下构成一个如图2.3所示的金字塔“△”。

(7) 所有的文件都应有唯一性编号。具体编号方法要求应在文件控制程序中规定。

4.2.6　在《管理手册》中应规定技术负责人和质量负责人的作用和责任，包括确保遵循本标准的责任。

4.2.7　当策划和实施管理体系的变更时，最高管理者应确保管理体系的完整性。

最高管理者策划管理体系时，对标准中管理要求的15个要素和技术要求的10个要素不得随意裁剪。对个别要素的裁剪，应有充分的说明。在策划和实施管理体系的变更时，应是进一步完善管理要求和技术要求，使管理体系更适应机构管理的需要，使“组织结构”更符合管理的需要；使“过程”安排更趋合理；使“程序”更赋有操作性；使“资源”配置更加合理和得到充分利用。改进不应造成管理体系的残缺。

第三节 文件控制

一、标准条文

4.3 文件控制

4.3.1 总则

安全生产检测检验机构应建立并保持文件编制、审核、批准、标识、发放、保管、修订和废止等的控制程序，以控制构成其管理体系的所有文件（内部制定或来自外部的），诸如法律法规、标准、其他规范性文件、检测检验方法，以及图样、软件、规范、指导书和手册（有关记录的控制在4.13中规定；检测检验数据的控制在5.4.7条中规定）。

4.3.2 文件的批准和发布

4.3.2.1 发给检测检验机构人员的所有管理体系文件，在发布之前应由授权人员审查并批准使用。应建立识别管理体系中文件当前的修订状态和分发的控制清单或等效的文件控制程序，并使之易于获取，以防止使用无效和（或）作废的文件。

4.3.2.2 文件控制程序应确保：

a）在对安全生产检测检验机构有效运作起重要作用的所有工作场所都能得到相应文件的授权版本；

b）定期审查文件，包括法律法规、标准与规范，必要时进行修订或更新，以确保其现行有效和持续适用并满足使用要求；

c）及时地从所有使用或发布处撤除无效或作废文件，或用其他方法保证防止误用；

d）出于法律或知识保存目的而保留的作废文件，应有适当的标记。

4.3.2.3 安全生产检测检验机构制定的管理体系文件应有唯一性标识。该标识应包括发布日期和（或）修订标识、页码、总页数或表示文件结束的标记和发布机构。

4.3.3 文件变更

4.3.3.1 除非另有特别指定，文件的变更应由原审查责任人进行审查和批准。被特别指定的人员应获得进行审查和批准所依据的有关背景资料。

4.3.3.2　更改的或新的内容应在文件或适当的附件中标明。

4.3.3.3　如果安全生产检测检验机构的文件控制系统允许在文件再版之前对文件进行手写修改，则应确定修改的程序和权限。修改之处应有清晰的标注、签名缩写并注明日期。修订的文件应尽快地正式发布。

4.3.3.4　应制定程序来描述如何更改和控制保存在计算机系统中的文件。

二、标准条文理解

4.3.1　总体要求

(1) 检测检验机构应建立并保持《文件控制程序》，以控制构成其管理体系的所有文件。

(2) 文件包括管理体系的所有文件（内部的或来自外部的），诸如法规、标准、其他规范性文件、检测检验方法，以及图样、软件、规范、指导书和手册。

①管理体系的内部文件包括《管理手册》（含质量方针和质量目标），《程序文件》（含管理制度），《作业指导书》（含操作规程、检验细则、检验方法、检查方法、校准方法等），《记录》（含会议记录、质量活动记录、技术记录、检测检验报告等）；

②管理体系的外来文件包括《安全生产检测检验机构管理规定》（即总局第12号令）、AQ 8006—2010、GB/T 27025—2008 等；

③把对检测检验用标准的控制纳入文件控制应引起所有安全生产检测检验机构的高度重视。

(3) 文件控制包括编制、审核、批准、标识、发放、保管、评审、修订、废止、销毁等。文件控制流程如图 2.4 所示。

①内部文件控制：

ⅰ）根据需要，确定文件起草任务。

ⅱ）起草（编制）、审核、批准：

根据文件类别，委托相关人员、或组织文件起草工作组，起草（或编制）文件稿；

文稿起草就绪，根据授权，将其送相关授权人员审核；

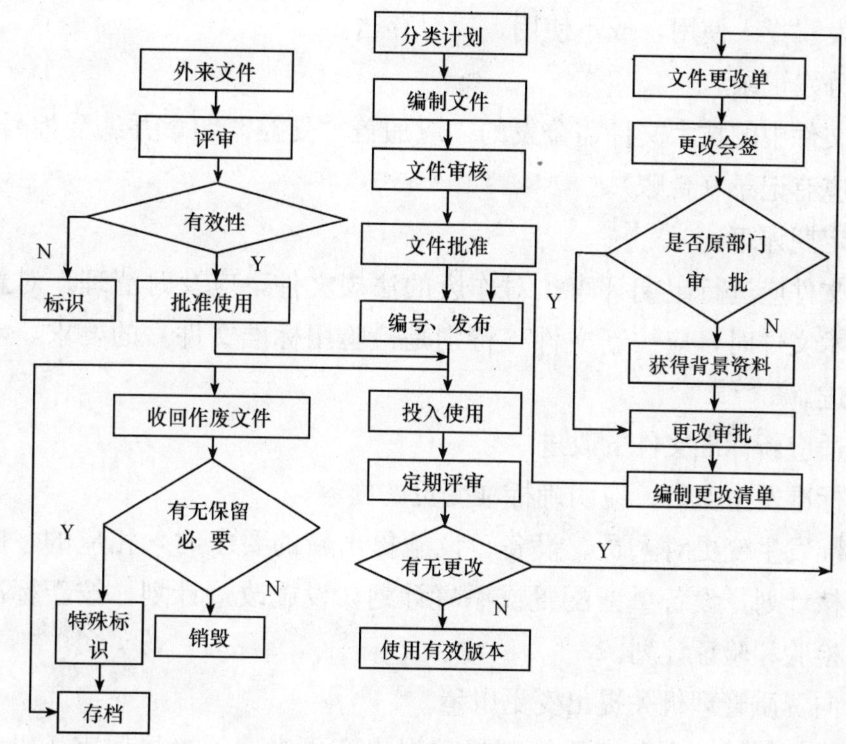

图 2.4 文件控制流程图

文稿审核完毕，审核人签字后，根据授权，将其送相关授权负责人批准。

ⅲ）编号、印制、加受控标识、分发（台账记录）。

ⅳ）定期评审。对文件的有效性应按计划进行评审。评审应记录。根据评审结论，对文件进行处理。

ⅴ）修订（必要时）、修改通知、换页：

——委托相关人员对文件进行修订。修订文件同样应履行审核、批准手续；

——起草《文件修改通知单》，落实文件换页。

ⅵ）无效文件处理。无效文件可根据需要留 1 份加盖“无效文件”印章存档，其余应集中销毁。

②外来文件（如法规、检验标准等）控制：

ⅰ）外来文件台账

——外来文件应分类建立台账；

——外来文件中的行政文件经机构负责人阅批、传阅、传达后存档；

——外来文件中的技术文件经机构技术负责人组织文件审批，根据审批意见，或分发、投入使用，或不使用，暂时存档。

ⅱ）分发记录

外来文件中的技术文件需分发的，应加盖“受控”印章并编受控号后分发。文件分发应有记录（台账）。

ⅲ）定期评审

外来文件应进行定期评审。对作废的法规文件，应及时清理。对新文件代替旧的技术文件时，应按新文件（特别是检验用标准文件）的要求，对管理工作进行改进。

ⅳ）适应新标准文件的改进

如果标准发生变更，应明确标准变更的内容；

当标准发生变更对人员、设备、设施提出新的要求时，相应的，应有人员培训、考核计划，设备重新配置或添置计划，设施改造计划，按新标准进行自我委托的检验和验证计划。

ⅴ）向资质管理机关提出变更申请

变更是必须时，应向资质管理机关提出变更申请，接受评审，以获得变更确认。

4.3.2　文件的批准和发布

4.3.2.1　基本要求

①机构编制的内部管理体系文件经审核、相关授权人员批准后，方可投入使用：

——《管理手册》由机构的最高管理者主持、机构的质量负责人组织，组成编写小组进行起草。《管理手册》文稿由机构的质量负责人审核、由机构的最高管理者批准发布；

——相关《程序文件》，授权机构的技术负责人或质量负责人分工组织编写、审核，由机构主持工作的负责人批准；

——《作业指导书》由机构的技术部门组织编写、使用相关指导书的检验室技术主管负责审核、机构的技术负责人批准；

——《质量记录》由机构的质量监督部门组织编写、质量监督部门负责人负责审核、机构的质量负责人负责批准；

——《技术记录》由机构的技术部门组织编写、使用相关记录的检验室技术主管负责审核、机构的技术负责人批准。

②外来文件经授权相关人员审批后，方可投入使用：

——检测检验法规文件，由机构的最高管理者负责宣讲和贯彻落实；

——检测检验相关标准由机构的技术负责人评审或委托具有相应资源的人员评审，在确认有效、适用，人员、设备、设施满足要求的基础上，履行相关程序后，投入使用。

③内部管理体系文件的每一页面上，应有当前的修订状态；

④机构应定期审查文件，公布现行有效文件清单；

⑤受控文件发放、回收、销毁均应有记录。

4.3.2.2 文件控制程序应确保：

a）使用授权版本

ⅰ）文件的授权版本标识：是否受控；是否现行有效；正本或副本；受控编号；通常：

——受控文件，加盖“受控”章；

——存档留查正本文件，加盖“正本”章；发放到工作场所与工作人员的，加盖“副本”章；

——作废的文件，加盖“作废”章，留待按程序统一销毁；作废留档作为参加的文件，加盖“作废”章的同时，加盖“留查”章。

——所有受控文件均应采用机构规定的文件识标系统加编唯一性编号。

ⅱ）检验现场（实验室中和离开实验室的现场），所使用的文件（标准、作业指导书、技术记录）都应是有相应标识的现行有效版本。

b）文件审查

ⅰ）法规文件的有效性由机构主持工作的负责人负责组织清理；检测检验标准规范的有效性由机构的技术负责人负责组织评审；管理体系文件的有效性由机构质量负责人负责组织评审。

ⅱ）文件的有效性评审应在每年年初制订计划，按计划对文件进行评审后应有记录；

ⅲ）机构文件与档案管理员根据评审结果，按程序要求定期发布现行有效文件清单。

ⅳ）经评审确认使用的文件应按程序公布，确定在本机构实施的日期。

ⅴ）标准变更。标准变更（包括仅版本年代变更和标准技术内容变更）由技术负责人组织评审，填写评审记录。标准技术内容变更评审记录：

——技术标准变更的具体内容通常会在新版标准的前言中表述。评审时，应对全部变更进行记录；

——技术内容变更对检测设备、设施提出新的要求时，应策划重新配置或采购设备，改造设施；

——技术内容变更对检验人员提出新的要求时，应策划人员技术培训和操作培训、技术考试、操作考核；

——（必要时）修改技术记录用表格；

——（必要时）检测验证。

c）无效或作废文件处理

ⅰ）无效或作废文件应及时地从所有使用或发布处撤除；

ⅱ）无效或作废文件回收应按规定的程序加以登记、标识；

d）保留的作废文件的标记

出于法律或知识保存目的，机构可以保存作废的文件，被保留的作废文件或无效文件应加明确标识。如加盖“作废”＋“留查”章或“无效”＋“留查”章。

4.3.2.3　管理体系文件的标识。

（1）管理体系文件的格式与标识要求

①机构管理体系文件应有统一的固定格式；

②管理体系文件应包括发布日期和修订标识及日期、页码、总页数及表示文件结束的标记和发布机构等统一标识；

③机构应在《文件控制程序》中规定本机构的唯一性编号系统，通常：

——《管理手册》：是一个文件，只需一个编号，不需要每一章分别编号；

——《程序文件》：管理体系文件中的程序文件众多，一个程序文件就是一个独立文件，应有独立的唯一性编号；

——《作业指导书》：管理体系文件中的《作业指导书》众多，每一个《作业指导书》是一个独立文件，应有独立的唯一性编号；

——《记录》：管理体系文件中的《记录》众多，每一个《记录》是一个独立文件，应有独立的唯一性编号。每一个记录表单通常是某个程序文件或作业指导书的支持文件，在规定其唯一性编号系统时，最好能表现记录表单与所支持的程序文件或作业指导书的联系。这里所说的“唯一性编号”是表格的标准格式编号，即进行某项活动，应采用某一编号的标准格式的记录表格进行记录。当利用该标准格式的表格记录时，还应有记录针对这一活动的唯一性编号。

——《管理制度》：管理体系文件中的《管理制度》众多，每一个《管理制度》是一个独立文件，应有独立的文件名和唯一性编号。

（2）管理体系文件标识示例

文件（《管理手册》《程序文件》《作业指导书》）封面，按GB/T 1.1封面样式。上部应有“Q/ABC”“××××（机构名称）管理体系文件”“文件唯一性编号”“通栏横线”；中间有“文件名称”；下部有“通栏横线”，“通栏横线”上部左端有“批准日期”，“通栏横线”上部右端有“实施日期”；“通栏横线”下部有“××××××发布”。

①管理手册示例

《管理手册》首页应有“编制”“审核”人的人名和“批准”人签字。有“总页数：××页（含本页）”

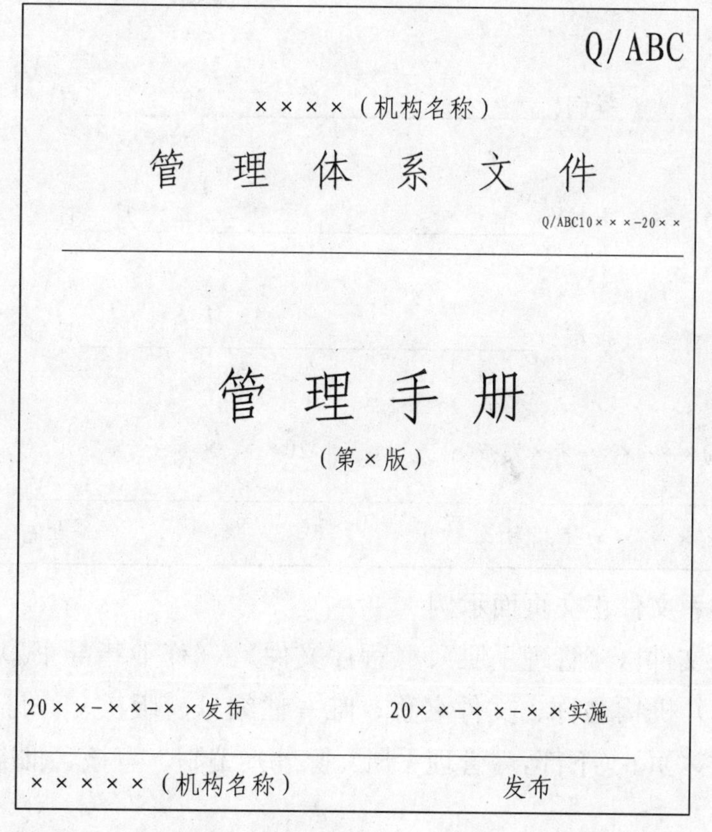
Q/ABC

××××（机构名称）

管 理 体 系 文 件

Q/ABC10×××-20××

管 理 手 册

（第×版）

20××-××-××发布　　20××-××-××实施

×××××（机构名称）　　发布

②程序文件和作业指导书示例

《程序文件》和《作业指导书》封面结构基本一致，应有“编制”“审核”和“批准”人签字。

Q/ABC

××××（机构名称）

管　理　体　系　文　件

Q/ABC20××-20××

文件控制程序

（第×版）

编制：＿＿＿＿＿＿＿＿年＿月＿日

审核：＿＿＿＿＿＿＿＿年＿月＿日

批准：＿＿＿＿＿＿＿＿年＿月＿日

20××-××-××发布　　20××-××-××实施

×××××（机构名称）　　发布

③管理体系文件正文页面示例

管理体系文件（《管理手册》、《程序文件》、《作业指导书》）的每一页面，应有：（上部）机构名称、文件名称、唯一性编号、版次、修订状态、批准日期、第×页共×页；（下部，《管理手册》除外）编制、审核、批准的人名；

④《管理手册》每一页面的文头示例：

ABC（机构名称）管理体系文件 质量手册	Q/ABC10×××—20××
	第×版第×次修订
	第××页共××页
主题：管理要求—组织	20××—××—××批准

⑤《程序文件》每一页面文头示例：

ABC（机构名称）管理体系文件 程序文件	Q/ABC20××—20××
	第×版第×次修订
	第××页共××页
主题：××××控制程序	20××—××—××批准

4.3.3 文件变更控制

4.3.3.1 对文件更改人员的要求

（1）文件变更的审查和批准，应由原责任人进行；

（2）当文件变更的审查和批准，不是由原责任人进行时，应由机构的最高管理者特别指定人员；

（3）特别指定的审查和批准人员应获得支持变更的所有材料；

（4）对文件更改的人员没有特别要求。

4.3.3.2 对文件更改内容的要求

（1）更改或新的文件内容可以在文件中标明，也可以在适当的附件中标明；

（2）文件更改情况应详细标明在管理体系文件的“修改页”中；

（3）文件更改时应同时更改文件或页面的标识，如第几次修改，修改的审批日期等；

（4）文件更改后，文件与档案管理员应及时更换存档正本文件的相关文件或页面，并按程序发放文件更改通知单，及时更换工作场所或工作人员处的文件副本，填写文件发放、回收记录。

4.3.3.3 手写修改文件的规定

（1）手写修改文件应在《文件控制程序》中规定。若《文件控制程序》中未规定允许手写修改，则不应出现手写修改的情况；

(2) 允许手写修改文件的，应在《文件控制程序》中规定修改的程序和权限，更改由责任人按程序和权限在保存文件的正本上修改。手写修改时，修改人应在修改之处有清晰的标注、签名缩写并注明日期。

(3) 手写修改文件应以文件修改通知单为依据，并尽快发布正式文件。

4.3.3.4　计算机系统中电子文件控制要求

可制定专门的程序或在文件控制程序中规定电子文件的控制、更改程序与权限，图 2.5 所示是电子文件更改流程。

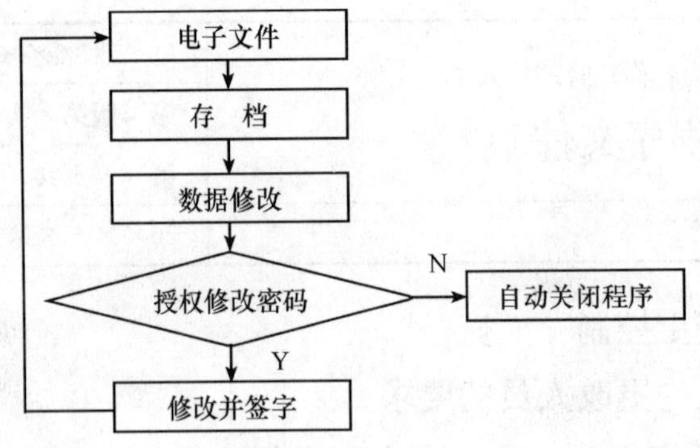

图 2.5　计算机系统中文件更改程序流程图

第四节　要求、标书和合同的评审

一、标准条文

4.4　要求、标书和合同的评审

4.4.1　安全生产检测检验机构应建立和保持评审客户要求、标书和合同的评审程序。这些为签订检测检验合同而进行评审的政策和程序应确保：

a) 对包括所用检测检验方法在内的要求应予充分规定，形成文件，并易于理解（见 5.4.2）；

b) 安全生产检测检验机构有能力和资源满足这些要求；

c) 选择适当的、能满足客户要求的检测检验方法（见 5.4.2）；

客户的要求或标书与合同之间的任何差异，应在工作开始之前得到解决。

每项合同应得到安全生产检测检验机构和客户双方的接受。

4.4.2 应保存包括任何重大变化在内的评审记录。在执行合同期间，就客户的要求或工作结果与客户进行讨论的有关记录，也应予以保存。

对例行和其他简单任务的评审，由安全生产检测检验机构中负责合同工作的人员注明日期并加以标识（如签名缩写）即可。对于重复性的例行工作，如果客户要求不变，仅需在初期调查阶段，或在与客户的总协议下对持续进行的例行工作合同批准时进行评审。对于新的、复杂的检测检验任务，则应当保存更为全面的记录。

4.4.3 评审的内容应包括被安全生产检测检验机构分包出去的任何工作。

4.4.4 对合同的任何偏离均应书面通知客户，得到客户书面认可，并保存记录。

4.4.5 工作开始后如果需要修改合同，应重复进行同样的合同评审过程，并将所有修改内容通知所有受到影响的人员。

二、标准条文理解

4.4.1 检测检验机构应建立和保持《合同评审程序》，用以指导对“客户要求、标书和合同”进行评审。

(1) 合同评审的流程一般为：客户要求→客户要求文件化→客户要求确认→形成书面合同→合同评审（解决合同要求与机构能力间的差异）→正式签订合同→合同变更→合同变更评审→将合同变更评审通知受影响的各方（见图2.6）。

(2) 在确认客户要求的基础上，检测检验机构应与客户签订检测检验书面合同，以保护客户和检测检验机构双方的权益；

(3) 合同评审应确保

口头合同文件化。口头合同包括电话约定、面谈约定，对此，应形成约定的书面材料，即文件化。

合同内容应充分、清晰、准确地反映客户的要求，包括明示的、潜在的和隐含的，对这些都应进行确认和评审，以期客户与检测检验机构取得共识。

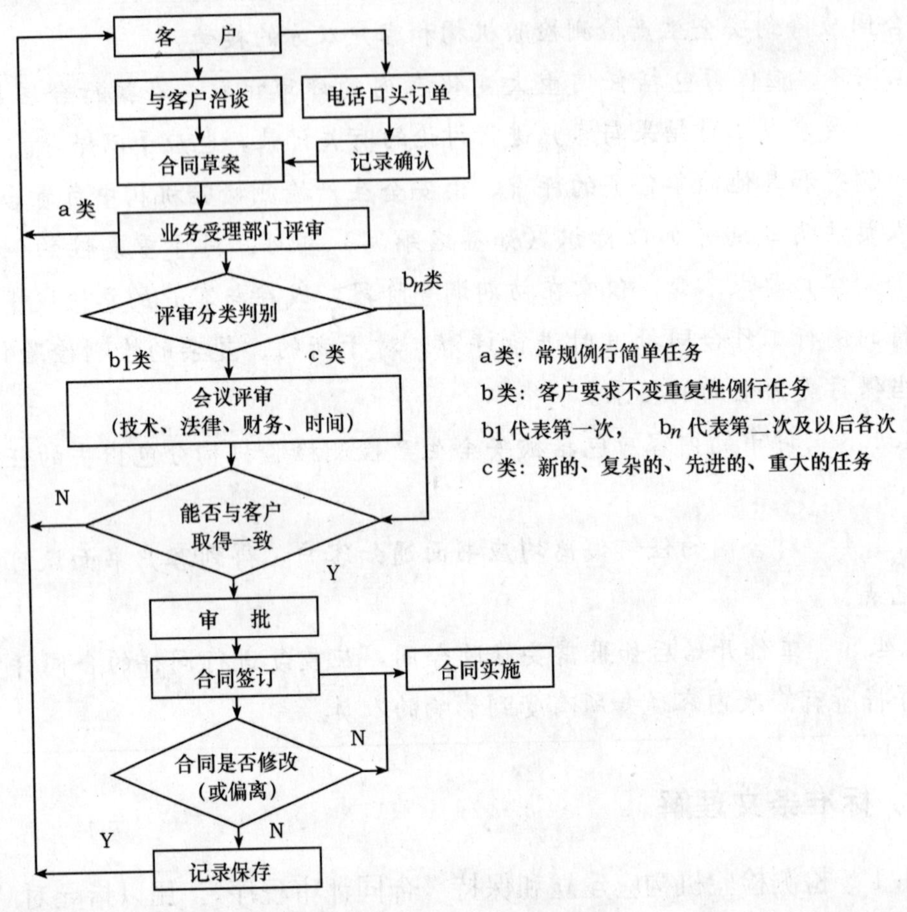

图 2.6　合同评审流程图

（4）合同评审涉及的方面：

——合同要求的内容是否在机构的能力和资源（已获认定的资质）范围内；

——是否能按合同要求的期限完成检验任务；

——合同要求的方法是否为标准方法和认可的方法；

——客户“要求”与最终合同间的差异是否得到最终解决；

——合同变更的评审。变更内容也应文件化。对变更内容也应作全面评审。

4.4.2　合同评审记录

（1）对例行和其他简单任务的评审，由检测检验机构中负责合同工作的人员注明日期并加以标识（如签名缩写）即可。对此，可在合同书中增加一栏“合同评审”，并填写以下内容：

合同评审 已评。评审记录No×××。 ×××（签名） 年 月 日

（2）对于重复性的例行工作，如果客户要求不变，仅需在初期调查阶段，或在与客户的总协议下对持续进行的例行工作合同批准时进行评审，保存评审记录“No×××号”。可在合同评审栏中，填写以下内容：

合同评审 已评，见No×××号评审记录。 ×××（签名） 年 月 日

（3）对于新的、复杂的检测检验任务，则应当保存更为全面的记录“新×××号”。可在合同评审栏中，填写以下内容：

合同评审 见新×××号评审记录。 ×××（签名） 年 月 日

（4）合同评审记录按体系文件规定的保存期限保存。

4.4.3 分包内容应在合同中明确，应得到客户的同意。

4.4.4 对已签订合同的偏离应形成文件，偏离应有客户的书面同意。

4.4.5 合同双方同意并接受修改的合同内容应形成文件，修改的内容应通知受影响的相关方，特别是检验执行部门及人员。

第五节 检测检验的分包

一、标准条文

> 4.5 检测检验的分包
>
> 4.5.1 安全生产检测检验机构由于未预料的原因（如需要更多专业技术或暂时不具备能力）或持续性的原因（如通过长期分包或特殊协议）需将工作分包时，应分包给符合本标准相关要求、具有检测检验资质、有能力完成分包任务的检测检验机构。分包仅限特殊项目和所需仪器设备使用频次较低、价格昂贵的项目，安全生产检测检验机构不能因工作量大而分包，其中关键安全性能项目不允许分包。乙级机构不允许分包。分包的项目不作为资质认定的能力范围。

4.5.2　安全生产检测检验机构应将分包安排以书面形式通知客户，并得到客户的书面同意。

4.5.3　安全生产检测检验机构应就分包方的工作对客户负责，由客户指定的分包方除外。

4.5.4　安全生产检测检验机构应保存所有分包方的登记表，并保存其有关工作符合相关标准的证明记录。

二、标准条文理解

4.5　不要求建立《分包控制程序》。

4.5.1　对于分包的限制

（1）检测检验业务分包仅限于承担产品型式检验的甲级机构；

（2）不能因为检测检验任务量大而分包；

（3）检测检验分包仅限于：

①被检对象的特殊检验项目

服务对象为极少的特殊检验项目，如跨行业或跨专业领域的检验项目，对安全生产检测检验是特殊、稀有项目，进行检验存在困难，对专业机构而言，是经常检验项目。这些专业机构就可能成为分包方。

②所用仪器设备使用频次低且价格昂贵

在此，仪器设备使用频次低是关键的。多个机构配备使用频次低、且价格昂贵的仪器设备，这种仪器设备将会长期处于闲置状态，造成社会资源的浪费。但是，若仪器设备使用频次高，即使价格昂贵，检测检验机构也应具备，不允许分包。

③非关键性能

对安全生产至关重要的关键项目不允许分包。

（4）乙级机构不允许分包

乙级机构主要从事在用设备设施的检测检验。在用设备设施的状态在使用过程中，随时都在变化，分包很有可能造成责任不清。

（5）不允许将被检对象整体分包。

（6）分包方的条件：

——符合 AQ 8006—2010 相关要求；

——具有检测检验资质；

——拟分包的项目在资质认定时应申请，且被包含在其《资质认定证书附表》中；

——有能力独立完成分包的任务。

（7）分包的申请与能力确认

①检测检验机构的分包项目应在申请资质认定的申请书中明确提出，同时提交分包方名录。资质认定评审时，可能对分包方作附加评审。

②特殊原因分包应向资质管理机关提出书面申请，得到资质管理机关的许可后方可进行。这里所说的特殊原因主要是设备搬迁、设备故障排除期间。

③分包项目在资质证书附件 1《批准的检测检验能力范围》中，注明“分包”，其能力等同“不能检”。

4.5.2 检测检验机构应与分包方签订正式分包协议。分包项目应按 4.4 的要求进行合同评审，并征得客户的书面同意。

4.5.3 分包检测检验结果的责任

（1）由机构选择的分包方，检测检验机构应全面承担分包项目的检测检验结果的法律责任；客户指定的分包项目除外；

（2）允许客户指定分包方，此时检测检验机构不承担分包项目的检测检验结果的法律责任。

4.5.4 检测检验机构应按程序的要求保存与分包相关的文件，至少包括：

——分包方相关资质、能力证明文件的复印件；

——检测检验合同及客户同意分包的书面文件；由客户指定分包方的，应在合同中说明；

——与分包方签订的正式分包协议；

——有关分包的合同评审记录；

——分包方提供的检测检验结果书面报告。

第六节　服务和供应品的采购

一、标准条文

4.6　服务和供应品的采购

4.6.1　安全生产检测检验机构应有选择和购买对检测检验质量有影响的服务和供应品的政策和程序。还应有与检测检验有关的试剂和消耗材料的购买、接收和存储的程序。

4.6.2　安全生产检测检验机构应确保所购买的、影响检测检验质量的供应品、试剂和消耗材料，只有在经检验或以其他方式验证符合有关检测检验方法中规定的标准规范或要求之后才投入使用。所使用的服务和供应品应符合规定的要求。应保存所采取的符合性检查活动的记录。

4.6.3　影响检测检验质量的物品的采购文件，应包含描述所购服务和供应品的信息。这些采购文件在发出之前，其技术内容应经过审查和批准。

4.6.4　安全生产检测检验机构应对影响检测检验质量的重要消耗品、供应品和服务的供应商进行评价，并保存这些评价的记录和获批准的供应商名单。

二、标准条文理解

4.6.1　检测检验机构应建立《服务和供应品采购控制程序》。

(1) 影响检测检验机构检测检验质量的“服务”产品有：

——检测检验仪器、设备的校准、检定；

——设施和环境条件的设计、制造、安装、调试等；

——检测检验机构的资质认定评审；

——特殊工种（如无损检测、起重）检验、操作资格培训；

——内审员培训；

——实验室评审员培训等。

(2) 影响检测检验机构检测检验质量的“供应品”有：

——标准物质；

——试剂；

——有质量要求的检验用材料；

——重要的辅助仪器设备（如抽样工具、样品处置设备等）。

(3) 采购控制主要在3个方面：采购文件控制；供应商控制；服务有效性评价/采购物品入厂验收控制，工作流程如图2.7所示。

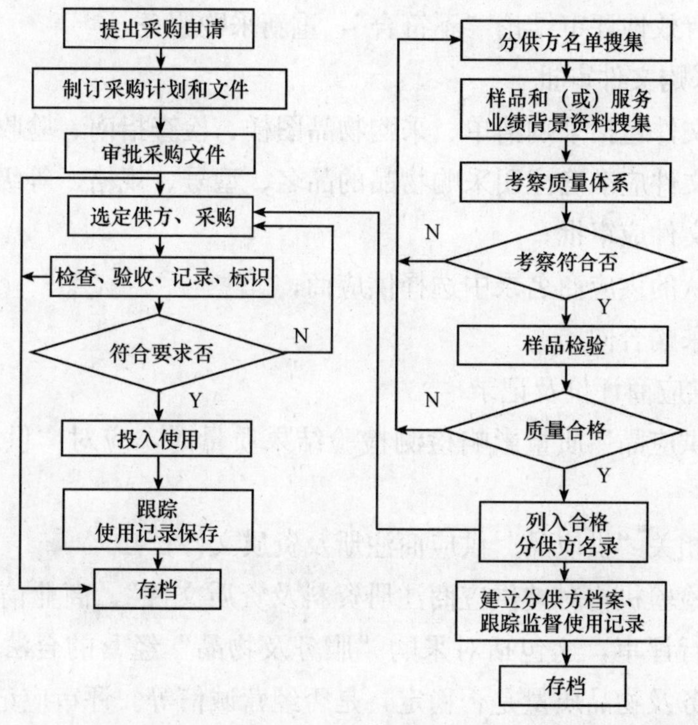

图2.7 采购主程序（左边）及合格分供方评价子程序（右边）流程图

①服务采购：需求→需求识别→提出采购计划→计划审批→供应商信息收集→供应商评价（保留记录）→确定供应商（进入供应商名录）→实施采购→采购评价（针对培训、计量检定、认可评审）→合格/不合格→结束/重新采购。

②物品采购：提出采购计划→计划审批→供应商信息收集→供应商评价（保留记录）→确定供应商（进入供应商名录）→实施采购→采购验收（记录）→合格/不合格→登记入库/联系退货。

4.6.2 采购验收

(1) 供应品验收

——责任部门按采购合同和验收技术条件，对采购物品进行验收并记录；

——按验收技术条件验收合格的物品，登账、入库、标识、备用；

——按验收技术条件验收不合格的物品、标识后，联系退货。

(2) 服务采购验收

——责任部门应对服务有效性进行评审，结论“符合”，服务采购验收完毕；

——服务有效性评审结论“不符合”，重新采购服务。

4.6.3　采购文件审批

——采购文件包括采购清单、采购物品图样、检查指南、验收技术条件等；

——采购文件应准确注明采购物品的品名、型号、规格、等级、质量要求；

——采购文件应审批；

——在确认的供应商名录中选择供应商；

——签订采购合同。

4.6.4　供应商评价及记录

——当“供应品”质量影响检测检验结果质量时，应对“供应品”供应商进行控制；

——收集相关“供应品”供应商注册及资质文件；

——检测检验机构对“供应商注册资料及资质文件”、商业信誉、供货质量的稳定性能进行评审，这包括对采购“服务及物品”经营的合法性，是否经过体系认证，服务及物品质量是否稳定，是否经营诚信等。评审应记录；

——评审通过的供应商，汇入管理体系文件确认的供应商名录中。

第七节　服务客户

一、标准条文

> 4.7　服务客户
>
> 4.7.1　在确保为其他客户保密的前提下，安全生产检测检验机构在明确客户要求和允许客户监视其相关工作表现方面积极与客户或其代表合作。

这种合作可包括：

a）允许客户或其代表合理进入安全生产检测检验机构的相关区域直接观察为其进行的检测检验；

b）客户出于验证目的所需的检测检验物品的准备、包装和发送。

安全生产检测检验机构在整个工作过程中，应当与客户尤其是大宗业务的客户保持沟通，应当将检测检验过程中的任何延误或主要偏离书面通知客户，并保存记录。

4.7.2　安全生产检测检验机构应向客户征求反馈，无论是正面的还是负面的。应分析和利用这些反馈，以改进管理体系、检测检验活动及客户服务。反馈类型可包括客户满意度调查、与客户一起评价检测检验报告等。

4.7.3　安全生产检测检验机构发现在用被检设施、仪器设备、材料、产品，以及作业场所等存在重大事故隐患时，应立即告知检测检验委托方，并及时向当地安全监管监察部门报告。

4.7.4　安全生产检测检验机构间应进行沟通与交流，参与标准化活动，以改进检测检验活动及客户服务。

二、标准条文理解

4.7.1　服务客户最重要的方面是，科学、公正、准确、快捷地为客户提供检测检验服务。为此，检测检验机构应以不同的方式、不间断地了解客户的需求，并为满足这些需求，不断地充实资源、改进自身的管理。机构可以建立一个《服务客户管理要求》。

（1）检测检验机构与客户的合作是以保护其他客户机密为前提；

（2）检测检验机构与客户的合作只限于与其相关的方面。当客户进入试验场地时，与其无关的对象，应作适当隔离；

（3）与客户的合作包括：

——允许客户或其代表进入试验场地，观察与其相关的检测操作；

——被试物品处置；

——试验物品试验完成后的包装、发运；

——在新产品检验中，共同分析产品性能不符合原因（包括技术的、设计的、工艺的、管理的原因）；

——在“在用设备”检验中，指导在用设备的正确操作、维护。在用设备故障时的应急处理方法等；

——与客户的经常、适时沟通。

4.7.2　征求客户意见，包括正面和负面的意见。寻求机构的改进机会。

4.7.3　检测中发现重大安全隐患时：

——立即通知客户；

——及时向安全生产监管监察部门报告。

4.7.4　利用检测检验机构间的交流和参与标准化活动，保证检测检验结果质量，提高为客户服务的水平。

第八节　申诉与投诉

一、标准条文

> 4.8　申诉与投诉
>
> 安全生产检测检验机构应有政策和程序处理来自客户或其他方面的申诉与投诉。应保存所有申诉与投诉的记录以及安全生产检测检验机构针对申诉与投诉所开展的调查和纠正措施的记录（见4.11）。

二、标准条文理解

（1）申诉与投诉的作用

①申诉与投诉是客户对检测检验工作进行反馈的一种形式。

②申诉与投诉为客户提供一个倾诉的渠道和解决疑虑的途径。

③申诉与投诉可能是书面的或口头的。无论是书面的或口头的都应记录在案，按程序处理。

④满足客户需求，妥善处理客户申诉与投诉，也是服务客户的重要方面。客户对检测检验机构提供的检测服务不满意可投诉；通过申诉，表达对检测检验机构提供的检测数据、结果的异议。

⑤检测检验机构应通过处理客户申诉与投诉，进一步了解客户的需求，化解检测检验机构与客户间存在的矛盾，提高检测检验机构的服务水平。

（2）申诉与投诉的处理

①机构应有受理客户申诉与投诉的部门，一般是机构的办公室或机构的质量监督部门。

②机构应预先指定处理客户申诉与投诉的负责人。这个人可能是机构高层管理者之一，或机构的质量负责人，或质量监督部门的负责人。

③根据申诉与投诉的内容，确定申诉与投诉涉及的部门或岗位。组成申诉与投诉处理小组，对申诉与投诉涉及的问题进行调查、分析，必要时，开展一定的技术作业。

④根据调查、分析、技术作业结果，确认申诉与投诉是否成立。若申诉与投诉成立，负责申诉与投诉处理的负责人，应责成相关部门或岗位立即纠正。当这种情况还会再发生时，负责投诉处理的负责人应决定启动或申请启动纠正措施程序；若投诉不成立，应告知客户，并作必要的解释。

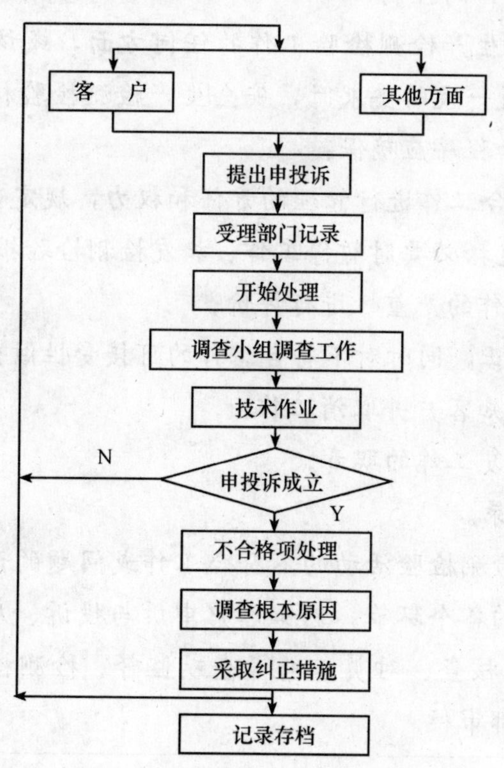

图 2.8 处理申诉与投诉的流程图

⑤申诉与投诉处理的负责人应向客户反馈处理意见或结果，处理结果文件归档。当申诉与投诉成立时，处理文件应提交管理评审，寻求改进机会。

（3）申诉与投诉的流程

机构应建立《申诉与投诉处理程序》，主动征求客户意见，以积极的态度对待客户的申诉与投诉，按程序积极地处理客户的申诉与投诉。

其流程为：受理申诉与投诉→交申诉与投诉处理的负责人→处理申诉与投诉的实施部门或岗位→分析原因→技术作业→处理结果报告→采取纠正措施→向客户反馈。工作流程如图 2.8 所示。

第九节　不符合工作的控制

一、标准条文

4.9　不符合工作的控制

4.9.1　在安全生产检测检验工作的任何方面，或该工作的结果不符合其程序或与客户达成一致的要求时，安全生产检测检验机构应实施既定的政策和程序。该政策和程序应确保：

a）确定对不符合工作进行管理的责任和权力，规定当识别出不符合工作时所采取的措施（包括必要时暂停工作、扣发检测检验报告）；

b）对不符合工作的严重性进行评价；

c）立即进行纠正，同时对不符合工作的可接受性做出决定；

d）必要时，通知客户并取消工作；

e）规定批准恢复工作的职责；

f）保留完整记录。

对管理体系或检测检验活动的不符合工作或问题的识别，可能发生在管理体系和技术运作的各个环节，例如客户申诉与投诉、质量控制、仪器检定/校准、消耗材料的核查、对员工的考查或监督、检测检验报告的核查、管理评审和内部或外部审核。

4.9.2 当评价表明不符合工作可能再度发生，或对安全生产检测检验机构的运作与其政策和程序的符合性产生怀疑时，应立即执行 4.11 中规定的纠正措施程序。

二、标准条文理解

4.9.1 安全生产检测检验机构应建立《不符合工作控制程序》，其流程如图 2.9 所示。

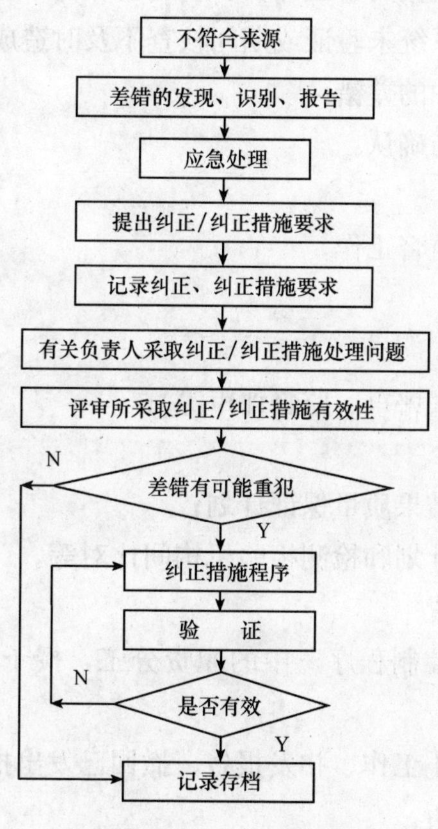

图 2.9 不符合工作控制流程图

(1) 不符合的可能来源：

——从客户的申诉与投诉中发现的。

——供方失误（校准不准确、供应品质量不稳定、标准物质不确定度偏高等）。

——人员培训不足，未取得相应操作授权；程序不符合要求，仪器设备、标准物质不符合要求。

——仪器设备校准超期或使用前未校核。

——消耗材料未经验收即投入使用。

——检测活动中应用方法未验证，或应用方法不符合要求。

——检测环境条件未按标准要求控制。

——检测设备校准溯源不符合要求。

——原始记录差错。

——数据处理（如数据的手工计算、应用公式等）差错。

——数据自动采集系统未验证或期间核查不及时造成的差错。

——检测检验报告中的差错。

（2）不符合的识别与确认：

——管理活动；

——质量监督员的监督工作；

——内部审核；

——管理评审；

——外部审核（初次评审、监督评审等）；

——期间核查；

——实施检测检验结果质量保证计划；

——参加能力验证计划和检测检验机构间比对等。

（3）对不符合的处置

①按《不符合工作控制程序》中的职责分工，授予相关管理人员负责不符合工作的处置权。

②应急处理（如停止工作、扣发报告、撤回已发出报告等）。

③对不符合进行分析。

④拟定纠正措施→实施纠正措施→验证纠正措施实施效果。

⑤对不符合的处置授权

——质量监督员在授权监督的领域识别出不符合时，应提醒相关人员，严重不符合时，应及时向相关管理者报告，以便及时处置；

——机构的技术负责人和机构的质量负责人有权暂停机构内任一环节的不符合工作、扣发检测检验报告和撤回已发出的检测检验报告；

——被停工作领域的技术主管，负责对不符合的严重性作出评价并负责对不符合进行纠正；

——机构的技术负责人，负责对不符合的可接受性作出决定；

——机构的技术负责人有权决定取消工作；

——机构的办事机构将取消工作的决定通知客户；

——机构的技术负责人有权批准恢复暂停的工作；

——全部活动应进行记录。

4.9.2 必要时，启动《纠正措施程序》，分析不符合原因，采取纠正措施。对纠正措施进行验证。当证明纠正措施有效时，纠正活动结束；当证明纠正措施无效时，应重新制定纠正措施。

第十节 改 进

一、标准条文

> 4.10 改进
>
> 安全生产检测检验机构应通过利用质量方针、质量目标、审核结果、数据分析、纠正措施、预防措施和管理评审来持续改进管理体系的有效性。

二、标准条文理解

“不断改进”是机构管理八大原则之一。所以“改进”是检测检验机构管理的永恒主题。

(1) 改进的机会：

——质量方针贯彻执行中发现的问题；

——实现质量目标过程中发现的问题；

——审核结果反映出的问题；

——数据分析发现的问题；

——纠正措施和预防措施实施中发现的问题；

——管理评审综合（内、外审，能力验证，客户反馈与投诉等）发现的问题。

(2)“改进”与“纠正”是两个不同的概念。“纠正”的目的是将质量活动中的不符合变为符合；改进的目的，提高管理体系的有效性。

(3) 标准中未明确提出要建立与改进相关的程序文件，但建议机构建立《改进工作实施程序》。

(4) 改进工作实施程序流程

各类质量活动报告提交→质量活动报告分析→提交管理评审→得出改进需求→作出改进决定→落实改进→对改进结果再评审→完成改进，其流程如图 2.10 所示。

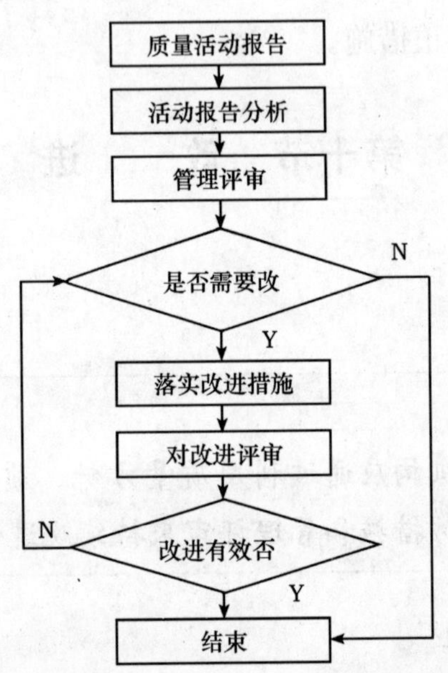

图 2.10 改进工作实施流程图

①识别改进需求

在管理评审会议上，与会人员报告工作时，都会涉及机构的质量方针和质量目标、管理体系的有效性和适用性。对这些报告内容进行筛选、评审，从而得出改进的需求。

②改进实施

识别改进需求后，就可能形成改进的决议。这包括质量方针和质量目标的修改、管理体系的调整，管理文件的修改。

管理体系的调整涉及资源配置、管理部门设置、管理部门职责和岗位职责的调整。

管理文件的修改涉及《管理手册》《程序文件》《作业指导书》和《记录》的修改。

③改进评审

实施改进后，应对改进的有效性进行评审。评审证明改进有效，则改进活动暂告一段落；评审证明改进无效，则应寻求新的改进途径和改进措施。实施新的改进途径和改进措施后，仍需对改进效果进行评审。改进、改进效果评审，应证明改进有效为止。

第十一节　纠正措施

一、标准条文

> 4.11　纠正措施
>
> 4.11.1　总则
>
> 安全生产检测检验机构应制定实施纠正措施的政策和程序，并应指定合适的人员，在识别出不符合工作或对管理体系或技术运作政策和程序有偏离时实施纠正措施。
>
> 安全生产检测检验机构管理体系或技术运作中的问题可以通过不符合工作的控制、内部或外部审核、管理评审、客户的反馈或员工的观察等各种活动来识别。
>
> 4.11.2　原因分析
>
> 纠正措施程序应从确定问题根本原因的调查开始。确定问题根本原因应仔细分析产生问题的所有潜在原因，潜在原因可包括：客户要求、样品、样品规格、方法和程序、员工的技能和培训、消耗品、仪器设备及其检定/校准等。
>
> 4.11.3　纠正措施的选择和实施
>
> 需要采取纠正措施时，安全生产检测检验机构应对可能采取的各项纠正措施进行识别，并选择和实施最可能消除问题和防止问题再次发生的措施。

纠正措施应与问题的严重程度和风险大小相适应。

安全生产检测检验机构应将由纠正措施而提出的任何变更制定成文件并加以实施。

4.11.4　纠正措施的监控

安全生产检测检验机构应对纠正措施的结果进行监控，以确保所采取的纠正措施有效。

4.11.5　附加审核

当对不符合或偏离的识别导致对安全生产检测检验机构符合其政策和程序或符合本标准产生怀疑时，安全生产检测检验机构应尽快依据 4.14 的规定对相关活动区域进行审核。

二、标准条文理解

4.11.1　建立程序

(1) 应正确理解的三个术语

①纠正：消除已发生的不符合所采取的活动或措施。如检测检验活动的“返工”。检测数据存在问题，重新检验，以获得正确数据。

②纠正措施：消除已发生的不符合产生的原因所采取的活动或措施。消除不符合产生的原因，防止不符合再发生。

③纠正措施程序：是实施“纠正措施”的工作流程和对流程中相关人员的职责规定、职权的授权、结果记录要求。

(2) 机构应建立并实施《纠正措施程序》。当不符合被纠正后，还有可能再发生，则应启动《纠正措施程序》。在《纠正措施程序》中，授予相关人员启动纠正措施程序、实施纠正措施的权利。纠正措施程序实施的流程如图 2.11 所示。

4.11.2　原因分析

调查、研究，分析不符合产生的直接原因；必要时，分析不符合产生的潜在原因：客户要求、样品状态、样品规格、检测方法和程序、员工的技能和培训、消耗品采购与验收、仪器设备精度及其校准；不符合产生的原因可能有多种，但必须找出最根本的原因。

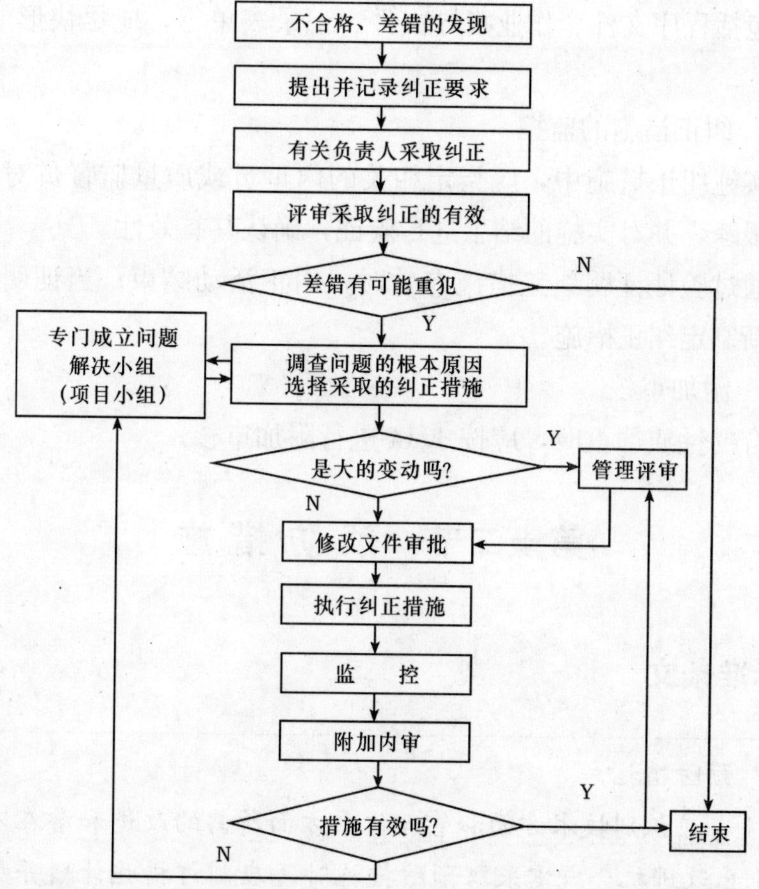

图 2.11 纠正措施程序的流程图

4.11.3 纠正措施的选择和实施

（1）拟订纠正措施方案，通过风险和经济性的考量，选择风险可被接受、实施起来又经济的最佳方案。对同一个不符合产生的原因，可能有多种纠正措施，应选择最佳纠正措施。选择时应考虑：

——不符合的严重程度；

——风险的大小；

——不符合发生的根本原因和再次发生的可能性；

——机构的技术能力；

——机构的经济水平；

——消除不符合原因的程度。

（2）按选定的方案，实施纠正措施。由纠正措施产生的所有对管理体系文件的变更，包括程序文件、作业指导文件、记录表单等，应尽快形成新的文件，发布实施。

4.11.4　纠正措施的监控

(1) 在实施纠正措施中，应指定相关的内审员或质量监督员对纠正措施实施全过程的跟踪，并对实施的结果进行验证，确认其有效性。

(2) 当通过验证证明纠正措施有效时，纠正活动结束；当证明纠正措施无效时，应重新制定纠正措施。

4.11.5　附加审核

当不符合的性质严重时，应按 4.14 进行附加审核。

第十二节　预 防 措 施

一、标准条文

4.12　预防措施

4.12.1　应识别技术方面和管理体系方面所需的改进和潜在不符合的原因。当识别出改进机会或需采取预防措施时，应制订措施计划并加以实施和监控，以减少类似不符合情况发生的可能性并改进。

4.12.2　预防措施程序应包括措施的启动和控制，以确保其有效性。除对运作程序进行评审之外，预防措施还可能涉及数据分析，包括趋势和风险分析以及能力验证结果。

二、标准条文理解

4.12.1　采取预防措施的原因

(1) 预防措施与纠正措施的区别

①纠正措施：针对“不符合已发生，消除再发生的原因”采取的措施；

②预防措施：为消除潜在不符合产生的原因所采取的措施；

(2) 通过对管理活动的统计分析、检测检验结果质量控制、参加能力验证计划、检测检验机构间比对、检测活动信息、客户反馈信息等途径，观察检测检验活动方方面面的发展态势，推断可能产生的潜在不符合，采取相应预防措施，或遏制可能产生不符合态势的进一步发展，或寻找造成这种发展态势的原因，消除这种原因。

4.12.2　实施“预防措施”是主动寻求改进机会的过程

“预防措施”分启动阶段、实施阶段两阶段。机构应建立并实施《预防措施程序》。预防措施流程图如图 2.12 所示。

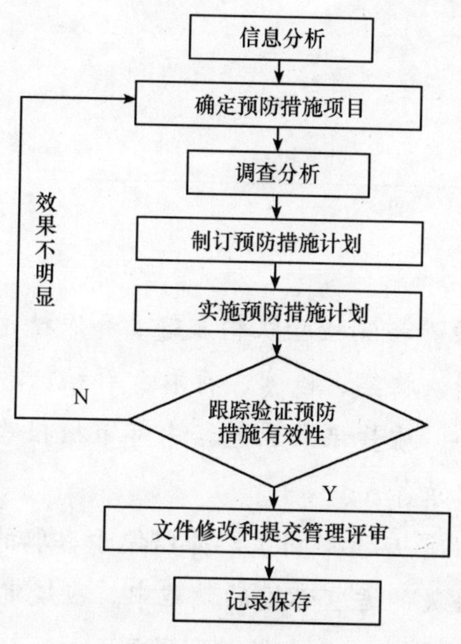

图 2.12　预防措施流程图

（1）启动阶段

——组织启动《预防措施程序》的技术队伍；

——调查检测活动和体系运行记录资料，对其统计、分析、研究，推断潜在的不符合；

——策划预防措施计划，确定预防措施项目。

（2）实施阶段

——确定潜在不符合产生的可能原因；

——对防止潜在不符合采取措施的需求进行评价；

——确定并实施预防措施；

——记录实施预防措施的结果；

——对已采取的预防措施有效性进行评审；

——对已采取的预防措施评审证明其有效时，该项目的预防措施程序实施宣告结束。否则，应拟定并实施新的预防措施。再验证其实施的有效性。这种活动应进行到证明实施的预防措施有效为止。

第十三节　记录的控制

一、标准条文

4.13　记录控制

4.13.1　总则

4.13.1.1　安全生产检测检验机构应建立和保持适合自身具体情况的编制、填写、更改、识别、收集、检索、存取、存档、存放、维护和清理质量记录和技术记录的程序。质量记录应包括内部审核报告、管理评审报告、纠正措施和预防措施的记录等。

4.13.1.2　所有记录应清晰明了，并以便于存取的方式存放和保存在具有防止损坏、变质、丢失的适宜环境的设施中。应规定记录的保存期。

4.13.1.3　所有记录应予安全保护和保密。

4.13.1.4　安全生产检测检验机构应有程序来保护和备份以电子形式存储的记录，并防止未经授权的侵入或修改。

4.13.2　技术记录

4.13.2.1　安全生产检测检验机构应将原始观察、导出数据和建立审核路径的充分信息的记录、检定/校准记录、员工记录以及发出的每份检测检验报告的副本（硬拷贝）按规定的时间保存。记录的保存期应与安全生产的需求或客户的要求相适应。每项检测检验的记录应包含充分的信息，以便在可能时识别不确定度的影响因素，并确保该检测检验活动在尽可能接近原条件的情况下能够复现。记录应包括负责抽样的人员、每项检测检验的操作人员和结果校核人员的标识。

4.13.2.2　观察结果、数据和计算应在产生的当时予以记录，并能按照特定任务分类识别。

4.13.2.3　当记录中出现错误时，每一错误应划改，不可擦涂掉，以免字迹模糊或消失，并将正确值填写在旁边。对记录的所有改动应有改动人的签名。对电子存储的记录也应采取同等措施，以避免原始数据的丢失或改动。

二、标准条文理解

4.13.1　记录控制总的要求

4.13.1.1

(1) 记录包括质量记录和技术记录，记录是开展相关活动的证据；

(2) 质量记录包括内部审核报告、管理评审报告、纠正措施和预防措施的记录、质量监督员工作记录、改进报告等；

(3) 记录的控制包括质量记录和技术记录的编制、填写、更改、识别、收集、索引、存取、存档、存放、维护和清理。机构应建立并实施《记录控制程序》。其流程如图 2.13 所示。

①记录格式设计及审定

——质量活动记录由机构的质量管理部门设计，质量管理部门负责人审核，机构质量负责人批准；

——技术记录由机构的检验室设计，技术管理部门负责人或检验室负责人审核，机构技术负责人批准；

——技术记录应信息充分，以便在可能时识别不确定度的影响因素，并确保该检测检验活动在尽可能接近原条件的情况下能够重复；

——所有记录表格按文件控制程序要求审批、编号后投入使用。

②记录的填用

——质量活动和技术活动，只可应用规定格式的表格进行记录。不得用白纸记录后再重新誊抄；

——记录表格中所有要求填写的内容应填全。无可填内容的，应画“/”；

——技术记录中的检验人员至少应有两人签名确认。负责记录的人第一个

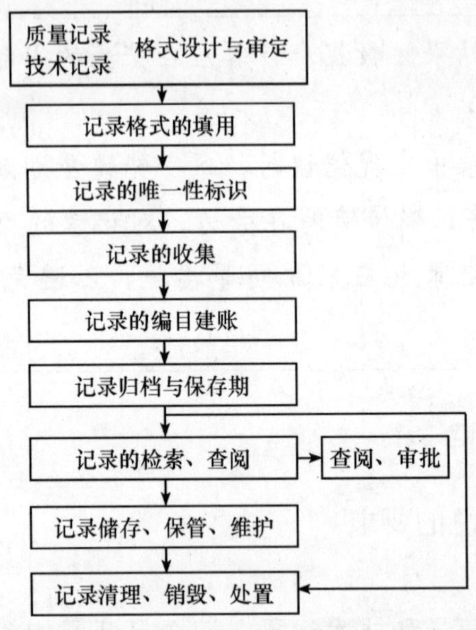

图 2.13 质量记录和技术记录的管理流程图

签名，检验操作、读数人员紧随其后签名；

——技术记录应有审核人员签名；

——投入使用的记录，还应有针对所开展活动的唯一性编号。

③记录存档

——存档文件应建账；

——存档文件应妥善保管，防止丢失或损坏；

——存档文件应规定保存期限，如 3 年、5 年、10 年或长期（如人员技术档案）；

——存档文件保存期满，可以清理、造册、销毁；

——存档文件保存期满进行销毁时应履行审批手续，通常由机构的最高管理者批准；

——存档文件归档、借阅、复制、处理应按《程序文件》的规定履行审批手续。一般由机构的高层管理者批准。

④实施《记录控制程序》的记录

——记录台账；

——记录借阅登记；

——销毁登记及审批记录。

4.13.1.2 记录的保存

(1) 记录应保存在适宜的环境中，有防盗、防水、防潮、防蛀、防火等措施；

(2) 记录应按规定的期限保存，保存期满需销毁时，应造册经批准后实施；

(3) 记录的归档、查阅、复制、处理均应按程序进行，且有相应的记录。

4.13.1.3 记录的控制包括记录的安全保护与保密。

4.13.1.4 对电子记录应有专门的规定予以保护，须经授权，方能进入与修改。

4.13.2 技术记录

4.13.2.1 技术记录控制要求

(1) 技术记录包括检测环境条件记录、原始观察结果及数据、导出资料和建立审核路径的充分信息的记录、(自校的) 校准记录、员工记录以及发出的每份检测检验报告的副本；

(2) 技术记录的保存期限应满足安全生产或客户的要求；

(3) 检测技术记录应有充分的信息，包括检测检验的时间、地点、环境中的温度与湿度、气压、所用仪器设备名称及唯一性编号、仪器设备使用前后的状态、被检测数据的名称及法定计量单位、被检测物品的名称及唯一性编号、对一个检测对象检测的次数、检测方法标准或程序或作业指导书等，以便在可能时识别不确定度的影响因素，并确保该检测检验活动在尽可能接近原条件的情况下能够复现；

(4) 记录应有唯一性编号，即管理体系文件中“记录”表格的编号，记录表格应列入文件控制清单；

(5) 技术记录应有记录日期、记录人签名、检测人签名、审核人签名。

4.13.2.2 技术记录的生成

技术记录“内容”应在活动进行的当时完成，不得默记、追记或补记，不得誊抄；记录表格投入使用，填写了“原始观察”到的现象和数据，便成了“(质量或检测) 活动记录”。“(质量或检测) 活动记录”应有与其活动相对应的编号和“第__页共__页”标识。机构应建立“(质量或检测) 活动记录”的编号方法。

4.13.2.3 技术记录数据的保护

（1）技术记录“内容”经授权可更改。更改方法为“划改”。“划改”就是在被改数据上划一“\”线，再在其旁上方写上“正确的数据”并签名确认。这样一来，“被改的数据”和“正确的数据”都存在“记录”上，留下更改的证据。“更改”不允许将“被改的数据”擦掉或涂抹掉，“更改”不允许对“被改的数据”进行描改或涂改，防止原数据消失；

（2）计算机记录中的数据更改，应得到授权。更改后，应留下实施更改的人员的标记。

第十四节　内部审核

一、标准条文

4.14　内部审核

4.14.1　安全生产检测检验机构应根据预定的日程表和程序，定期地对其活动进行内部审核，以验证其运作持续符合管理体系和本标准的要求。内部审核计划应涉及管理体系的全部要素，包括所有检测检验活动。质量负责人负责按照日程表的要求和管理层的需要策划和组织内部审核。审核应由经过培训、具备资格并获得授权的人员来执行，审核人员应独立于被审核的活动。内部审核的周期通常为一年。

4.14.2　当审核中发现的问题导致对运作的有效性，或对检测检验结果的正确性或有效性产生怀疑时，安全生产检测检验机构应及时采取纠正措施。如果调查表明安全生产检测检验机构的结果可能已受影响，应书面通知客户。

4.14.3　审核活动的领域、审核发现的情况和因此采取的纠正措施，应予以记录。

4.14.4　跟踪审核活动应验证和记录纠正措施的实施情况及有效性。

二、标准条文理解

4.14.1　基本要求

(1) 机构应建立并实施《内部审核程序》;

(2)“内部审核”的目的是检查机构各项活动的符合性,即是否符合标准、管理体系文件和质量计划的安排;

(3)“内部审核”本身也是有计划的活动。机构的质量负责人应于每年年初制定本年度的内审计划并组织实施。内审计划应覆盖全部“内审对象”;

(4)“内审对象”包括机构的所有部门、所有岗位、所有场所、管理体系的全部要素、检测检验活动的所有方面;

(5) 内审周期为 12 个月。内审可分几次进行。但是,在 12 个月内,每一“内审对象”应至少被审核 1 次;

(6)“内部审核”由具有资格的人员来完成。“资格”体现在经过培训、考试(或考核)合格、机构授权。培训可以是外培,可以是内培。内培时数不少于 16 学时;机构对这些人员的授权应正式行文;

(7)《内部审核程序》的流程如图 2.14 所示。

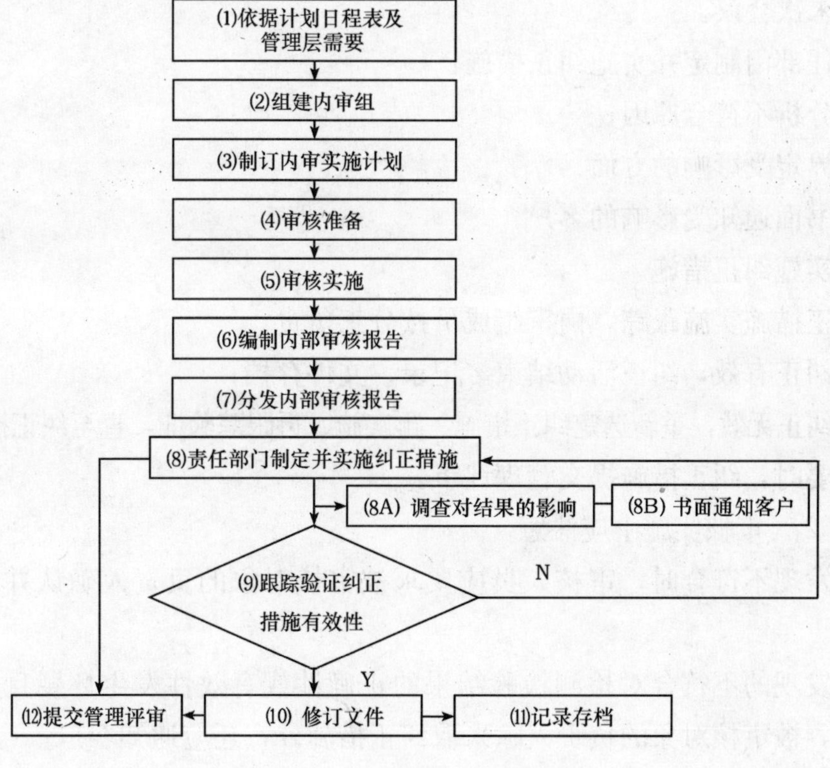

图 2.14 内部审核流程图

①每年年初，由质量负责人制订内审计划。

②实施内审前，由质量负责人确定内审实施日程。

③实施内审前，由质量负责人组建内审组，确定组长人选，审核人员应独立于被审核的活动。

④内审组长召集内审组制订内审实施计划，并确定内审的分工。

⑤审核准备，内审组成员按分工分别进行：

——审查体系文件；

——设计审核表。

⑥实施审核：

——首次会议；

——现场观察；

——实施审核；

——审核发现、开具不符合报告、编制内审报告；

——末次会议。

⑦责任部门制定并实施纠正措施：

——分析不符合原因；

——界定受影响的方面；

——书面通知受影响的客户；

——实施纠正措施。

⑧纠正措施实施跟踪，内审组成员按分工负责：

——纠正有效，纠正活动结束。记录、文件存档；

——纠正无效，重新选定纠正措施、再实施、再跟踪验证，直至纠正措施有效；

⑨必要时，纠正措施提交管理评审。

4.14.2　审核实施中应注意

（1）发现不符合时，审核人员应要求被审核对象的负责人确认并采取纠正措施；

（2）发现的不符合对检测检验结果的正确性或有效性发生怀疑且检测结果受影响时，被审核对象的负责人除采取纠正措施外，还应通知客户；

（3）被审核对象的负责人组织纠正措施实施；

（4）常见不符合可能为：

①体系性不符合（文件化不符合）。《管理手册》和《程序文件》中的要求未按标准要求内容进行描述，或者根本就未描述。如标准要求是10个方面的内容，《管理手册》和《程序文件》只笼统描述，一带而过，不能完全反映标准10个方面的要求；

一个机构只应有一个管理体系，因此，只有一套管理体系文件。管理体系文件针对的方面（安全生产检测检验、实验室认可、计量认证等）的相关标准文件，都应成为体系文件编制的依据文件。这些文件的共性要求和特殊要求，都应在体系文件中明确反映。

②实施性不符合。《管理手册》和《程序文件》中的要求不落实，说一套，做一套，或只说，不做，或做了无记录。这特别表现在许多《程序文件》不被实施或不按《程序文件》实施。

4.14.3　审核的记录

（1）内审计划、日程安排、内审员委派、首末次会议记录均是用以追踪内审活动的记录；

（2）审核人员在实施“内部审核”的活动中应使用《核查表》，记载审核内容及结果；

（3）审核人员对发现的不符合应填写《不符合报告单》，《不符合报告单》应有编号；被审核对象的负责人应对“不符合”进行确认、提出纠正措施建议、约定完成纠正措施的期限；

（4）相关内审员对纠正措施进行跟踪、验证、确认，形成的《纠正措施处理单》；

（5）内审组长根据内审的结果完成的内审报告。

4.14.4　审核人员应对纠正措施实施的有效性进行跟踪、验证、确认。

第十五节　管理评审

一、标准条文

4.15　管理评审

4.15.1　安全生产检测检验机构的最高管理者应根据预定的日程表和程序，定期地对安全生产检测检验机构的管理体系和检测检验活动进行评审，以确保其持续适用和有效，并进行必要的变更或改进。评审应考虑到：

a）政策和程序的适用性；

b）管理和监督人员的报告；

c）近期内部审核的结果；

d）纠正措施和预防措施；

e）由外部机构进行的评审；

f）检测机构间比对或能力验证的结果；

g）工作量和工作类型的变化；

h）客户反馈；

i）申诉与投诉；

j）改进的建议；

k）日常管理会议中有关议题的研究；

l）其他相关因素，如质量控制活动、资源以及员工培训。

评审结果应输入安全生产检测检验机构策划系统，包括下年度的目的、目标和活动计划。

管理评审的典型周期为 12 个月。内部审核发现的不符合对管理体系的有效性产生怀疑时，应及时进行管理评审。

4.15.2　应记录管理评审中的发现和由此采取的措施。管理者应确保这些措施在适当和约定的时限内得到实施。

二、标准条文理解

4.15.1　管理评审的基本要求

（1）机构应建立并实施《管理评审程序》。

（2）管理评审的目的是确保管理体系持续适用、充分和有效，当需要时，对质量方针、质量目标和管理体系进行必要的修改或改进。

（3）管理评审是有计划的活动。机构的质量负责人应于每年年初制订本年度的管理评审计划，经最高管理者批准后，组织实施。管理评审是有组织地对机构的业绩进行综合评价。

（4）机构的管理评审由最高管理者主持。

（5）管理评审周期为12个月。在12个月周期内至少应进行一次管理评审。

（6）机构的管理评审是机构高层管理者的职责。机构相关部门主管可列席管理评审。列席人员应向管理评审会议报告与管理体系和质量活动有关的工作。

（7）管理评审流程如图2.15所示。

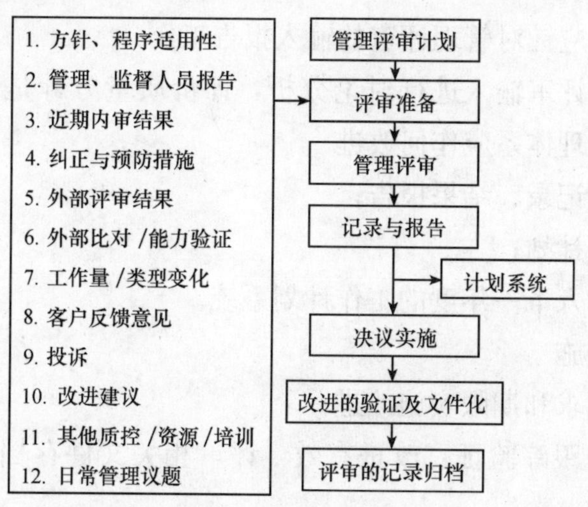

图2.15 管理评审流程图

①管理评审计划；

②管理评审的准备：质量负责人应组织做好管理评审的准备工作，管理评审的输入包括：

——政策和程序的适用性；

——管理和监督人员的报告涉及的问题；

——近期内部审核的结果；

——纠正措施和预防措施实施效果；

——由外部机构进行的评审结果；

——日常质控及检测机构间比对或能力验证的结果；

——现有工作量和工作类型以及工作量和工作类型的变化的建议；

——现有工作量和工作类型以及工作量和工作类型的变化对人员、设备设施、环境条件、检测检验物品、管理体系的改进的需求；

——客户反馈；

——投诉与申诉；

——文件审查的结果；

——上一年度改进的实施情况及本年度改进的建议；

——下一年度的机构策划系统，包括目的、目标各项活动计划；

——其他相关因素。

③管理评审会议

——与会人员应针对管理评审的输入报告工作；

——针对管理评审输入进行讨论分析，评价质量方针是否得到贯彻；质量目标是否达到；管理体系应作何改进；

——管理评审记录、结果报告；

——确定改进计划；

——决议案输入下一年度的工作计划系统。

④改进计划实施

——按计划要求和期限实施改进；

——改进结果跟踪验证：改进有效，评审相关文件存档；改进无效，重新制定改进要求；

——向下一次管理评审会议报告改进结果。

4.15.2　管理评审记录

（1）管理评审计划；

（2）首、末次会议签到表及会议发言记录；

（3）评审记录；

（4）管理评审总结报告（含整改、改进决定）。

第三章 技术要求

AQ 8006—2010对安全生产检测检验机构的技术条件提出了10个方面的通用要求，即10个技术要素：总则、人员、设施和环境条件、检测检验方法及方法的确认、仪器设备、测量溯源性、抽样、检测检验物品（样品）的处置、检测检验结果质量的保证、结果报告。本章我们对技术要求的10个要素逐个讲解。

第一节 总 则

一、标准条文

5.1 总则

5.1.1 决定安全生产检测检验机构检测检验的正确性和可靠性的因素主要包括：

a）人员（5.2）；

b）设施和环境条件（5.3）；

c）检测检验方法及方法的确认（5.4）；

d）仪器设备（5.5）；

e）测量溯源性（5.6）；

f）抽样（5.7）；

g）检测检验物品（样品）的处置（5.8）。

5.1.2 上述因素对总的测量不确定度的影响程度，在（各类）检测检验之间明显不同。安全生产检测检验机构在制定检测检验方法和程序、培训和考核人员、选择和检定/校准所用仪器设备时，应考虑到这些因素。

二、标准条文理解

5.1.1　在技术条件方面，影响检测检验的正确性和可靠性的因素有很多，包括：

a）服务和供应品采购（4.6）

——服务采购中的校准服务采购。提交校准服务的机构不具备相应资质，将直接影响检测检验机构数据的法律效力；

——消耗品中的标准物质，如爆炸性气体仪表检验中所用的标准气体，当其供应商不具备资质或产品质量不稳定，将直接影响检测检验机构数据的正确性和法律效力。

b）人员（5.2）

检测检验机构的人员是机构技术能力之本。具有必要数量、良好技术素质和高尚职业道德的人员，是检测检验机构提供独立、客观、公正检验服务的基础。

c）设施和环境条件（5.3）

检测设施和环境条件是保证检测数据有效的必要条件。所以，当标准对检测设施和环境条件有要求，或检测设施和环境条件对检测数据有影响时，对检测设施和环境条件应进行控制和记录。

d）检测检验方法及方法的确认（5.4）

对同一被测量，采用不同的方法进行测试，得出的结果可能不一样。因此，在有的产品标准中，对产品的某一性能专门规定了检测方法。因此，对检测检验方法应预先确定。对确定的方法应采用不同的途径进行确认。这样才能保证检测结果的准确性。

e）仪器设备（5.5）

检测仪器设备是证明机构检测能力的证据之一，是得出正确数据的基础。一个检测检验机构必须具有与其申请资质相适应的仪器设备。

f）测量溯源性（5.6）

测量具有溯源性，是机构检测数据获得社会公认、具有法律效力的基础。因此对所有检测仪器设备应建立量值溯源图。所有检测仪器设备在投入使用前，都应根据量值溯源图进行校准，保证其溯源性。

g）抽样（5.7）

抽样检验是对大宗产品进行检验的方法。为使样本检验结果能代表整体状态，必须对抽样进行控制，这包括对抽样标准的选用、抽样方案的设计、抽样条件的控制等。

h）检测检验物品（样品）的处置（5.8）

检测检验物品（样品）必须“验明正身”，保证检测检验物品（样品）与检测数据间的一一对应关系。检测检验物品（样品）一旦出错，作为检测检验机构产品的数据就失去了作为证据的资格。

5.1.2　在不同的检测检验领域中，上述因素对总的测量不确定度的影响程度各不相同。机构在实际活动中，应考虑到这些因素的不同影响。

第二节　人　　员

一、标准条文

5.2　人员

5.2.1　安全生产检测检验机构应确保所有操作专门仪器设备、从事检测检验、评价结果、授权签字的人员的能力。当使用在培员工时，应对其安排适当的监督。安全生产检测检验机构应授权专门人员进行特定类型的抽样、检测检验、签发检测检验报告、提出意见和解释、质量监督、内部审核以及操作特定类型的仪器设备，应按要求根据相应的教育、培训、经验和（或）可证明的技能进行资格确认。某些技术领域（如无损检测）可能要求从事某些工作的人员持有资格证书，安全生产检测检验机构有责任满足规定的人员资格要求。

5.2.2　安全生产检测检验机构人员数量应与所开展的检测检验活动相适应。甲级机构专业技术人员应不低于在编人员总数的70%，其中中级以上技术职称、注册安全工程师和高级技术职称人员分别不低于在编人员总数的40%、15%和15%。乙级机构专业技术人员应不低于在编人员总数的60%，其中中级以上技术职称人员和注册安全工程师分别不低于在编人员总数的30%

和10%。

5.2.3 甲级机构主持工作的负责人、技术负责人、质量负责人应具有与所从事业务相适应的高级技术职称，技术负责人有5年以上与安全生产相关的检测检验工作经历；乙级机构主持工作的负责人、技术负责人、质量负责人应具有与所从事业务相适应的中级以上技术职称或者注册安全工程师资格，技术负责人应有3年以上与安全生产相关的检测检验工作经历。

5.2.4 授权签字人应具备以下条件：

a）具有中级以上相关专业技术职称；

b）具有3年以上与其授权签字能力范围相关的检测检验经历；

c）具有相应的职责和权利，能对检测检验结果的完整性和准确性负责；

d）与检测检验技术接触紧密，掌握有关的检测检验项目限制范围；

e）熟悉有关检测检验标准、方法及规程；

f）有能力对相关检测检验结果进行评定，了解测量结果的不确定度；

g）十分熟悉记录、报告及其核查程序；

h）熟悉资质管理相关标准、规则和认定条件，特别是安全生产检测检验机构义务以及带有资质认定标志的检测检验报告或证书的使用规定，了解安全监管监察部门对安全生产检测检验机构的管理要求。

5.2.5 对检测检验报告所含意见和解释负责的人员，除了具备相应的资格、培训、经验以及所进行的检测检验方面的充分知识外，还需具有：

a）制造被检设备、产品、材料等所用的相关技术知识、已使用或拟使用方法的知识、在使用过程中可能出现的缺陷或降级等方面的知识；

b）法规和标准中阐明的通用要求的知识；

c）对相关设备、产品和材料等非正常使用时所产生影响程度的了解。

5.2.6 检测检验人员应当熟悉安全生产法律法规、规章、标准和有关规定，具备安全生产检测检验工作所需要的专业知识和能力，经过专业培训和考核，并应当只在一个安全生产检测检验机构中从事检测检验工作。检测检验人员未经培训或者考核不合格的，不得从事检测检验工作。安全生产检测检验机构应制定包括安全教育在内的检测检验人员的教育、培训和技能目标，应有确定培训需求和提供人员培训的政策和程序，培训计划应充分考虑安全生产检测检验机构当前和预期的任务，并应评价这些培训活动的有效性。

5.2.7 安全生产检测检验机构应使用长期雇佣人员或签约人员（均视为在编人员）。在使用签约人员及其他的技术人员及关键支持人员时，安全生产检测检验机构应确保这些人员胜任工作且受到监督，并按照安全生产检测检验机构管理体系要求工作。

5.2.8 安全生产检测检验机构应保留与检测检验有关的管理人员、技术人员和关键支持人员的岗位描述。岗位描述至少应规定以下内容：

a）从事检测检验工作方面的职责；

b）检测检验策划和结果评价方面的职责；

c）提交意见和解释的职责；

d）方法改进、新方法制定和确认方面的职责；

e）所需的专业知识和经验；

f）资格和培训计划；

g）管理职责。

5.2.9 安全生产检测检验机构应保留所有在编人员的相关授权、能力、教育和专业资格、培训、技能和经验的记录，并包含授权和（或）能力确认的日期。这些信息应易于获取。

5.2.10 安全生产检测检验机构应为其检测检验人员提供行为指导。

二、标准条文理解

AQ 8006—2010 对人员的要求比国际标准 ISO/IEC 17025 详细而且严格。在不同国家间，甚至在同一国家内，各检测机构的情况很不一样。ISO/IEC 17025 是面对世界各国的标准，它是 ISO/IEC 组织各会员国间协商、求大同的结果。但是，作为国家的行业标准，尤其作为安全生产检测检验机构的能力要求，它有比较强的针对性，必然要比国际标准详细，在某些方面的要求可能还很严格。

5.2.1 对人员能力的要求

（1）保证检测检验实施人员的能力：

——接受对口专业教育的程度；

——接受专业技能培训的经历；

——专业技能水平；

——工作经历和经验；

——语言交流能力。

（2）对在培人员实施监督。

（3）对检测检验人员核发操作证。操作证应注明授权操作的检测检验项目的名称。核发操作证的技术基础：

——接受专业教育的程度；

——接受专业技能培训的经历（技术及操作培训内容、考试（考核）结果）；

——工作经验（从事该项检验工作的经历）；

——其他证明其技能的证据。

（4）无损检测人员，应具有Ⅱ级或Ⅱ级以上证书。从事无损检测的机构，至少应有2名具有Ⅱ级证书的人员。该领域的授权签字人也至少应有Ⅱ级证书。

5.2.2　专业技术人员比例要求

（1）专业技术人员的专业应与所从事的检测检验活动相关联。应具有起码的专业技术知识和专业技能。不应有大量政工专业等人员充斥检测检验专业技术人员队伍中。

（2）具有初级以上工程系列技术职称人员（含技师）都算专业技术人员。承认机构聘任的具有大专以上工科学历人员的专业技术职称。

（3）甲级、乙级机构专业技术人员人数在全员中所占比例应分别大于70%和60%。

（4）甲级、乙级机构中级以上专业技术人员人数在全员中所占比例应分别大于40%和30%。

（5）甲级、乙级机构注册安全工程师人数在全员中所占比例应分别大于15%和10%。

（6）甲级机构具有高级专业技术职称的人员数在全员中所占比例应大于15%。

(7) 专业技术人员比例要求的目的，就是要解决检测活动中的诸多“为什么”，以便能及时处理检测活动中的技术问题和疑难问题。能透过检测检验数据，对被检对象状态作出客观、综合、准确的判断。

5.2.3 关键管理人员资格要求

(1) 安全生产检测检验机构的管理人员应具有与其管理工作相适应的专业技术知识，对其管理的检测检验活动和结果的正确与否具有判断能力。

(2) 甲级机构主持工作的负责人、技术负责人、质量负责人具有与申请业务相适应的高级技术职称，技术负责人有 5 年以上与安全生产相关的检测检验工作经历。

(3) 乙级机构主持工作的负责人、技术负责人、质量负责人具有与申请业务相适应的中级以上技术职称或者注册安全工程师资格，技术负责人有 3 年以上与安全生产相关的检测检验工作经历。

总局第 12 号令规定“安全生产甲级资质检测检验机构，从事涉及生产安全的设施设备及产品的型式检验、安全标志检验、……；安全生产乙级资质检测检验机构，从事涉及生产安全的设施设备在用检验、……。”因此，甲级资质检测检验机构所从事的活动，是在为涉及生产安全的设施设备及产品的安全性把好第一关；乙级资质检测检验机构所从事的活动，是在为涉及生产安全的设施设备及产品在使用中的安全把关。如果第一关未能把住，在用品的安全把关就没有物质基础。所以，从甲级资质检测检验机构所从事的活动的数量和责任要求出发，对其关键人员的要求比乙级机构相对应严格一些。

5.2.4 对授权签字人的要求

“授权签字人”是技术授权，是责任的锁定，不是什么荣誉称号。授权签字人的职责就是签署（批准）检测检验报告，对报告结论的正确性负责。因此，作为授权签字人，在批准检测检验报告时，绝不能随意签上自己的名字。授权签字人除对安全生产检测检验法律、法规、规章、制度、本机构管理体系要求充分了解外，还应对被授权签字的领域极为熟悉，为此，对授权签字人提出以下条件：

——具有中级以上技术职称（不含注册安全工程师）；

——具有 3 年以上与其授权签字能力范围相应的检测检验经历；

——具有相应的职责和权利，能对检测检验结果的完整性和准确性负责；

对“不合格报告”有处置权是关键；

——与检测检验技术接触紧密，掌握有关的检测检验项目限制范围；

——熟悉有关检测检验标准、方法及规程；

——有能力对相关检测检验结果进行评定，了解测试结果的不确定度；

——十分熟悉记录、报告及核查程序；

——熟悉资质认定审批程序、规则和认定条件，特别是检测检验机构义务以及带有资质标志的检测检验报告或证书的使用规定，了解安全生产监管监察部门对检测检验机构的管理要求。

5.2.5　对检测检验报告所含意见和解释负责的人员的要求：

——机构行文任命；

——具备相应的资格，如资深工程师、技术主管、高层管理者；

——具备相应的培训经历，如法律、法规、标准、管理要求、合同谈判等方面的培训；

——具备相应的经验；

——所进行的检测检验方面充分的专业技术知识；

——制造被检设备、产品、材料等所用的相关技术知识、已使用或拟使用方法的知识，以及在使用过程中可能出现的缺陷或降级等方面的知识；

——法规和标准中阐明的通用要求的知识；

——对设备、产品和材料等正常使用中发现的偏离所产生影响程度的了解。

5.2.6，5.2.7　人员培训及任职要求

(1) 对检测检验人员的培训应当包括：

——安全生产法律、法规、规章、标准和有关规定；

——与本机构检测检验活动相关的安全生产监管监察部门的需求；

——本机构的管理体系文件及本岗位的职责；

——与所从事检测检验工作相关的专业知识；

——与所从事检测检验工作相关的操作能力；

——其他与所从事检测检验活动相关的知识。

(2) 任职要求

——经专业培训考试或考核上岗；

——未经培训或考试、考核不合格的，不得从事检测检验工作；

——为长期雇佣人员或签约人员；

——只在一个安全生产检测检验机构从事检测检验活动；

——胜任所从事的检测检验工作并接受监督。

（3）检测检验机构应建立并实施《人员培训程序》。培训包括内部组织培训和外派培训。

《人员培训程序》流程（如图3.1）：培训需求→培训需求识别→制订培训计划→采购服务→实施培训计划→培训考试（考核）→培训结果有效性评价→培训结果归档。

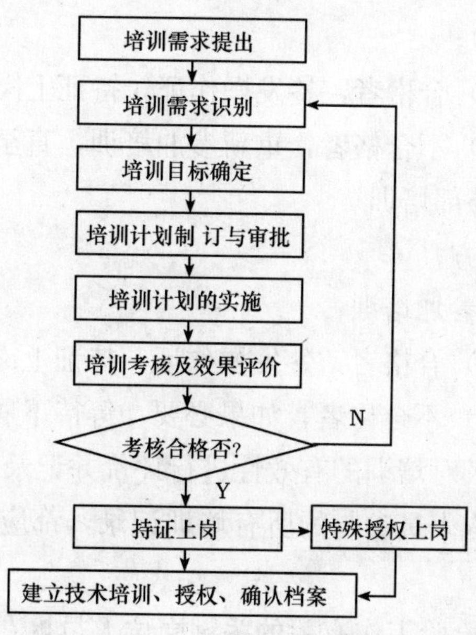

图3.1　人员培训流程图

1）培训需求识别

培训需求有来自高层管理者从机构全局考虑，培养高层次管理人员和技术骨干的需求；培训需求有来自技术管理层应对检测项目开发考虑，对人员的技术培训的需求；同时也有来自员工自身提高技术业务素质的培训需求。

2）培训计划

①年度培训计划

——检测检验机构每年都应制订年度培训计划，这包括：

——每年都需要进行与检测检验有关的法律、法规知识宣贯，管理体系文件要求宣贯；

——与机构检测业务计划相对应的技术理论和操作技能培训；

——检验用标准变更的培训；

——专业技术的外派培训。

②长远培训规划

培训应有针对性，符合当前的和长远的检测检验的需要。培训计划内容应具体，具有可操作性。

3）培训实施——内部培训

——有主讲人，对培训指定的内容进行宣讲；

——考核（或考试）；

——考核（或考试）合格者，签发操作证，持证上岗；

——考核（或考试）不合格者，重新参加培训，直至合格。

4）培训实施——外部培训

——选择培训服务方；

——指派相关人员参加培训；

——考核（或考试）合格者，签发操作证，持证上岗；

——考核（或考试）不合格者，如果必要，等待下届培训；

5）指定相关负责人对培训的有效性进行评价并记录。

6）培训档案。机构人员参与的所有培训记录，都应归入个人技术业绩档案中。

5.2.8　对与检测检验工作有关的关键岗位人员，在管理体系文件中应具体岗位职责的描述：

a）从事检测检验工作方面的职责

——管理人员在检测检验工作中的指挥、调度、协调职责；

——技术人员在检测检验工作中对所用方法、程序以及规范操作的监督职责，解决和处理技术疑难问题的职责；

——关键支持人员为保证检测检验工作顺利开展提供积极支持的职责；

——检测检验操作人员按要求提交检测检验结果报告的职责。

b）检测检验策划和结果评价方面的职责

——管理人员在检测检验策划中，确保检测路线正确、快捷、检测结果正确的职责；

——技术人员在检测检验结果评价中，确保评价科学、准确的职责。

c）提交意见和解释的职责

——提交意见和解释的人员应预先指定（授权）；

——提交意见和解释的人员应将“意见”和“解释”形成文件；

——提交意见和解释的人员只口头表述“意见”和“解释”，其书面文件不提交客户。

d）方法改进、新方法制定和确认方面的职责

——管理人员在识别了改进机会时，应对方法改进、新方法制定和确认等提出意见；

——技术人员负责方法改进、新方法制定和确认等的策划、组织实施；

——关键支持人员负责为所需设备、材料采购，设施改造等提供支持。

e）所需的专业知识和经验

——检测检验机构属于技术型服务机构，其管理包括行政管理和技术管理，技术管理的分量还应更重一些。所以，这里的管理人员是指技术管理人员。他们应有一定的技术管理经历，应具有其管理范围内的技术知识和管理经验；

——技术人员应具有与其工作相适应的专业知识和专业技能。其中，提交意见和解释的人员更应是资深专业技术人员，知识面应更宽一些。

f）资格和培训计划

——在检测检验机构，管理人员中的主持工作的负责人必须是技术人员，在甲级机构，应具有工程序列高级技术职称，在乙级机构，应具有中级以上技术职称；

——在检测检验机构，从事技术管理工作的人员，应为具有专业技术职称的人员；

——检测检验机构的管理人员、技术人员的专业知识、专业技能应与时俱进，不断更新，提高管理水平和技术水平。他们除通过自学提高外，还应有计划地参加法律、法规、标准、规范等法规知识和技术知识培训。

g）管理职责

检测检验机构通过管理体系的建立，确定机构各管理岗位人员和各技术岗位人员的岗位职责，并文件化。

5.2.9　人员技术业绩档案要求

检测检验机构应为员工建立《业绩档案》，且应包括：

①用工登记表；

②劳务合同书；

③相关授权文件，任职的任命文件；

④能力证明，技术考试、考核记录；

⑤教育和专业资格，如毕业证书复印件、专业技术职称证书复印件、特殊操作的资格证书复印件；

⑥培训记录，如证书、试卷、成绩单；

⑦技能和经验的记录，并包含授权和能力确认的日期。

5.2.10　为员工提供的行为指导包括：本机构的管理要求、检测检验技术要求、安全生产检测检验职业道德等。

第三节　设施和环境条件

一、标准条文

5.3　设施和环境条件

5.3.1　用于检测检验的设施，包括能源、照明和环境条件等，应有利于检测检验的正确实施。安全生产检测检验机构应确保其环境条件不会使检测检验结果无效，或对所要求的检测质量产生不良影响。在安全生产检测检验机构固定设施以外的场所进行抽样、检测检验时，应予以特别注意。对影响检测检验结果的设施和环境条件的技术要求应制定成文件。

5.3.2　相关的规范、方法和程序有要求，或对结果的质量有影响时，安全生产检测检验机构应监测、控制和记录环境条件。对诸如生物消毒、灰尘、电磁干扰、辐射、湿度、供电、温度、声级和振级等应予以重视，使其适应于相关的技术活动。当环境条件危及到检测检验的结果时，应停止检测检验。

5.3.3　应将不相容活动的相邻区域进行有效隔离，应采取措施以防止交叉污染。应对影响检测检验质量的区域、涉及安全区域的进入和使用加以控制，并根据其特定情况确定控制的程度并正确标识。应采取措施确保安全生产检测检验机构的良好内务，必要时应制定专门的程序。

5.3.4 应建立并保持安全作业管理程序，确保危险化学品、有毒化学品、有害生物、电离辐射、高温、高电压、撞击以及水、气、火、电等危及安全的因素和环境得以有效控制，并有相应的应急处理措施，如配置停电、停水、防火等应急的安全设施，进行现场检测检验时尤其应注意。

5.3.5 应建立并保持环境保护程序，具备相应的设施设备，确保检测检验活动所产生的废气、废液、粉尘、噪声、固体废物等的处理符合环境和健康的要求，并有相应的应急处理措施。

二、标准条文理解

5.3.1 总体要求

(1) 设施：创立标准规定的检测检验条件的所有设备及建筑物的组合。如生物消毒间；检测环境中的灰尘控制、防电磁干扰、防辐射、湿度控制、供电质量（电压、频率的波动）控制、温度控制、照明提供、风橱设置、不相容区域的隔离、噪声声级控制和振动的振级控制等的设备及建筑物。如在煤矿用气体仪表检测中，光干涉仪表和一氧化碳仪表检测室应有适当设施，保证检测检验结果有效。

(2) 按标准规定创立检测检验环境条件，不使检验结果无效。标准未明确规定，但当环境条件对检测结果质量有影响时，也应对环境条件进行监测和控制，如材料试验室的温度控制等。对试验周期长的连续试验项目，当停水、停电时，应有应急处理措施，或是具备备用电源、水源，或是预先规定停水、停电时，对检测检验结果的处理规定。

(3) 在离开固定设施的现场进行的检测检验，其检测检验环境条件的控制应形成文件，并应按文件的规定进行控制。

5.3.2 环境条件的控制要求

对影响检测检验结果的设施和环境条件的技术要求应制定成文件。即灰尘控制、防电磁干扰、防辐射、湿度控制、供电质量（电压、频率的波动）控制、温度控制、照明提供、风橱、噪声声级控制和振动的振级控制等应控制到什么程度，应以文件的形式明确规定出来。在进行检验时，按文件要求对环境条件实施控制。应关注：

（1）一个是“相关的规范、方法和程序有要求”时，另一个是“对结果的质量有影响”时，检测检验机构应监测、控制和记录环境条件。

（2）环境条件监测设备应校准。环境状态应有专门的记录。

（3）环境条件偏离了“相关的规范、方法和程序的要求”，可能“对结果的质量有影响”时，应停止检测活动。

5.3.3　检测区域的隔离

（1）不相容区域的隔离。如在固定设施内，检测检验场地与办公场地应分开；化学检测与物理检测应分开；精密仪器（如天平）应设置独立的区域等。

（2）影响检测检验质量的区域的控制。如温、湿度控制区域。

（3）涉及安全区域的控制。如火工品的检测区域，使用高压电的检测区域，产生尘、毒等有害物质的区域，应设置标识并有控制进入的措施。

（4）不同的区域应根据相关的规范、方法和程序的要求提供适当采光、采暖、防暑、降温等，保持良好的内务，必要时可制定专门的程序。

5.3.4　建立《检测检验安全作业程序》，其流程如图 3.2 所示。检测检验作业安全管理，应考虑检测检验人员安全、检测检验仪器设备安全及设施安全、被检对象安全。应考虑人员安全通道、消防通道及设施、电气安全接地及防雷、防触电、防烫伤、不相容物及其他安全要求的安全隔离、不在检验用场地处理文件和办公、必要的安全警示标识；卫生健康应考虑对有毒有害气体、液体、粉尘、噪声、辐射的控制，防止其对人体产生损伤。尤其是现场检测应倍加关注。应有危险发生时的应急预案。如提升机检测、风机检测，既涉及被检设备自身安全，又会影响到矿井安全，对这些设备的检测，除应有安全措施外，还应有应急预案。一旦紧急情况出现，立即启动应急预案，排除险情，保障检测作业安全和被检对象的安全。

5.3.5　检测检验机构建立《环境保护控制程序》，其流程如图 3.3 所示。

检测检验机构每立项一个检测检验项目，就应考虑检测过程带来的环境保护问题，这包括废液、废气、粉尘的处理；检测检验噪声的控制；电磁干扰的抑制；辐射的防治等；危险发生时的应急预案。产生的有毒有害废弃物应委托有资质的处理机构专门处理。

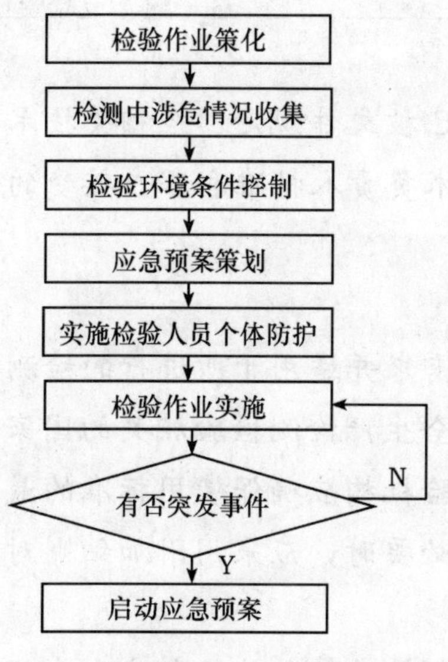

图 3.2 检测检验安全作业流程图

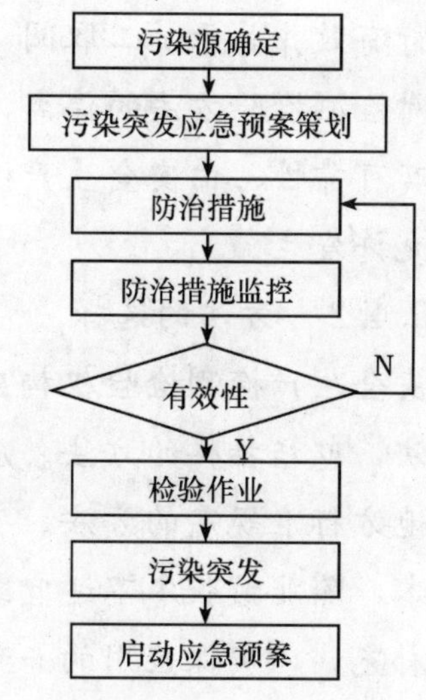

图 3.3 环境保护流程图

第四节 检测检验方法及方法的确认

一、标准条文

5.4 检测检验方法及方法的确认

5.4.1 总则

安全生产检测检验机构应使用适合的方法和程序进行所有检测检验，包括被检对象的抽样、处理、运输、储存和准备，适当时，还应包括测量不确定度的评定、分析检测检验数据的统计技术。

如果缺少指导书可能影响检测检验结果，安全生产检测检验机构应具有所有相关仪器设备的使用和操作指导书和（或）处置、准备检测检验样品的指导书。如果国家、行业、地方、国际或区域的标准，或其他公认的规范已包含了如何进行检测检验的充分信息，并且这些标准是以可以被安全生产检测检验机构操作人员使用的方式书写时，则不需再进行补充或改写为内部作业文件。对方法中的可选择步骤或其他细节，可能有必要提供附加文件。所有与安全生产检测检验机构工作有关的指导书、标准、手册和参考资料应保持现行有效并易于员工取阅（见 4.3）。

对检测检验方法的偏离，仅应在该偏离已被文件规定、经相关技术单位验证其可靠性、由安全生产检测检验机构技术负责人批准和客户接受的情况下才允许发生。

5.4.2　方法的选择

安全生产检测检验机构应采用满足客户需求并适用于所进行的检测检验的方法，包括抽样的方法。应优先使用与安全生产检测检验相关的国家、行业、地方标准规定的方法。安全生产检测检验机构应确保使用标准的最新有效版本，除非该版本不适宜或不可能使用。必要时，应采用附加细则对标准加以补充，以确保应用的一致性。

当客户未指定所用方法时，安全生产检测检验机构应从与安全生产检测检验相关的国家、行业、地方标准规定的方法中选择合适的方法。安全生产检测检验机构自定的方法如能满足预期用途并经过确认，也可使用。所选用的方法应经技术负责人确认并通知客户。在进行检测检验之前，安全生产检测检验机构应证实能正确地运用这些标准方法。如果标准方法发生了变化，应重新进行证实。

当认为客户建议的方法不适合或已过期时，安全生产检测检验机构应通知客户。

国际或区域标准发布的方法、安全生产检测检验机构自定的方法、非标准方法，仅限在特定客户的检测检验中使用。

5.4.3　安全生产检测检验机构自定的方法

安全生产检测检验机构应指定具有足够资源的有资格的人员按计划自行制定检测检验方法，以满足其应用。

计划应随检测检验方法制定的进度加以更新，并确保所有有关人员之间的有效沟通。

5.4.4　非标准方法

当有必要使用标准方法中未包含的方法时，应征得客户的同意，理解客户的要求、明确检测检验的目的。所制定的方法在使用前应经适当的确认。

5.4.5　方法的确认

5.4.5.1 安全生产检测检验机构应对非标准方法（安全生产检测检验机构自定的方法、超出其预定范围使用的标准方法、扩充和修改过的标准方法）进行确认，以证实该方法适用于预期的用途。确认应尽可能全面，以满足预定用途或应用领域的需要。安全生产检测检验机构应记录所获得的结果、使用的确认程序以及该方法是否适合预期用途的声明。

确认可包括对抽样、处置和运输程序的确认。

用于确定某方法性能的技术应当是下列之一，或是其组合：

a）使用参考标准或标准物质进行校准；

b）与其他方法所得的结果进行比较；

c）检测机构间比对；

d）对影响结果的因素作系统性评审；

e）根据对方法的理论原理和实践经验的科学理解，对所得结果不确定度进行的评定。

当对已确认的非标准方法作某些改动时，应当将这些改动的影响制定成文件，适当时应当重新进行确认。

5.4.5.2 按照预期用途对确认方法进行评价时，方法所得值的范围和准确度应适应客户的需求。

5.4.6 测量不确定度的评定

5.4.6.1 进行自校准的安全生产检测检验机构应具有并应用评定测量不确定度的程序，用以评定所有的校准和各种校准类型的测量不确定度。

5.4.6.2 安全生产检测检验机构应具有并应用评定测量不确定度的程序。某些情况下，检测检验方法的性质会妨碍对测量不确定度进行严密的计量学和统计学上的有效计算。这种情况下，安全生产检测检验机构至少应努力找出不确定度的所有分量且做出合理评定，并确保结果的报告方式不会对不确定度造成错觉。合理的评定应依据对方法特性的理解和测量范围，并利用诸如过去的经验和确认的数据。

某些情况下，公认的检测检验方法规定了测量不确定度主要来源的值的极限和计算结果的表示方式时，安全生产检测检验机构应遵守该检测检验方法和报告的说明（5.10）。

5.4.6.3　不确定度的来源包括所用的参考标准和标准物质、方法和仪器设备、环境条件、被检对象的性能和状态以及操作人员等。在评定测量不确定度时，对给定情况下的所有重要不确定度分量，均应采用适当的分析方法加以考虑。

5.4.7　数据控制

5.4.7.1　应对计算和数据传输进行系统和适当的检查。

5.4.7.2　当利用计算机或自动仪器设备对检测检验数据进行采集、处理、记录、报告、存储或检索时，安全生产检测检验机构应确保：

a）由安全生产检测检验机构开发的计算机软件应被制定成足够详细的文件，并对其适用性进行适当确认并记录，通用的商业现成软件（如文字处理、数据库和统计程序），在其设计的应用范围内可认为是经充分确认的，但安全生产检测检验机构对软件进行了配置或调整时，则应当进行确认并记录；

b）建立并实施数据保护的程序。这些程序应包括数据输入或采集、数据存储、数据传输和数据处理的完整性和保密性等；

c）维护计算机和自动仪器设备以确保其功能正常，并提供保护检测检验数据完整性所必需的环境和运行条件。

二、标准条文理解

5.4.1　总体要求

（1）建立《检测检验控制程序》，其流程如图 3.4 所示，对抽样，样品处理、运输、存储和准备进行控制。适当时，还应包括测量不确定度的评定和检测检验数据的统计分析的规定。

（2）关于作业指导书

①作业指导书类别

——检测检验用仪器设备的使用和操作指导书；

——检测检验样品处置、准备指导书；

——检测检验作业指导书；

——其他检测检验活动的指导书。

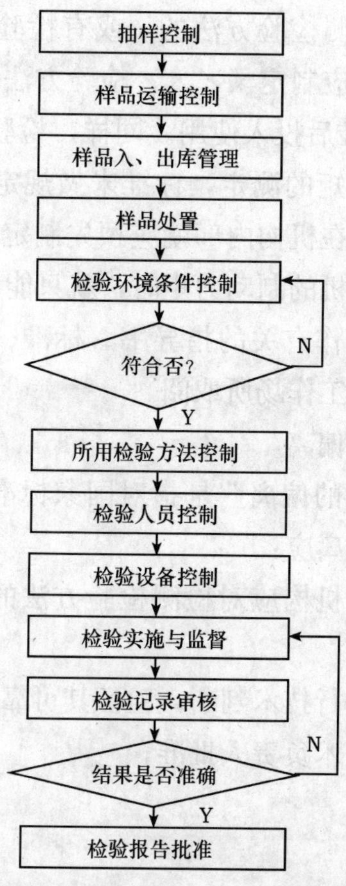

图 3.4 检测检验过程控制流程图

②作业指导书的需求

——缺少指导书可能影响检测检验结果时，检测检验机构应具有相应的作业指导书。

——重要检测检验用仪器设备，都应有使用说明书。

——关于样品处置，标准中已经规定处置、准备方法的，不应再做作业指导书。在标准中未规定处置、准备方法的，就应制定《×××样品处置方法》，经机构技术负责人批准后投入使用。《×××样品处置方法》应编号、受控管理。

——关于检验方法，在标准中已经规定检测检验方法的，应该直接使用标准中规定的标准方法，不必再做检测检验作业指导书，避免那种将标准中的方法重抄一遍作为机构制定的作业指导书的“画蛇添足”做法。

——在标准中未规定检测检验方法的，或有检验方法但操作性不强，或具体操作细节需要补充的，就应制定《×××检验方法》，或《×××检验补充要求》，经机构技术负责人批准后投入使用。同样，检验作业指导书应编号、受控管理。如在用提升机制动力矩的测定，标准未做规定，而且不同的机构采用不同的方法。对于该类情况，在机构内部就应预先制定检验方法。在同一机构中，任意一个人来检验在用提升机的制动力矩时，就只能用这一种方法。

（3）所有与检测检验工作有关的指导书、标准、手册和参考资料应保持现行有效，易于员工在相应的工作场所取阅。

（4）对检测检验方法的偏离

这里的“检测检验方法的偏离”是指对国家标准、行业标准或地方标准规定检验方法的偏离。这种偏离应：

——被预先规定。检验机构应对检测检验方法的偏离的可行性进行技术论证；

——经相关技术单位进行技术判断，验证其可靠性并同意偏离；

——由检测检验机构技术负责人批准；

——被客户接受。

5.4.2　方法的选择

（1）选择方法应考虑

①以标准方法，即国家标准、行业标准、地方标准中规定的方法为主；

②满足客户要求，与被检对象相适应；

③使用标准的最新有效版本；当最新有效版本不适用时，使用旧版本的标准应视为非标准方法（5.4.4）；

④没有正式的检测检验标准或检测检验标准不完善时，机构可制定检测检验细则，作为规定检验方法的补充，保证安全生产检测检验领域对检测方法标准使用的一致性。在资质认定评审中，机构申请采用的检测检验方法都将被评审后确认。

⑤其他方法，包括国际或区域标准发布的方法、企业标准规定的方法、检测检验机构自定的方法等，仅限在特定客户的检测检验中使用。

（2）方法的应用

①客户未指定检验方法时，检测检验机构应使用资质认定中批准的检测检

验方法，包括标准方法和非标方法，应优先考虑标准方法。所选用的方法应经技术负责人确认并通知客户；

②客户指定检验方法时，应请客户在资质认定中批准的数种方法中优先选择需求并适用的方法；

③客户指定检验方法，但不是机构资质认定中批准的检测检验方法，机构又有能力承担时，出具的检验报告不得使用“安全生产检测检验标志”；

④经合同评审确认客户建议的方法不适用或过期时，应通知客户。

5.4.3 对安全生产检测检验机构自定的方法的限定

(1) 检测检验机构可自定方法满足检测检验的需求。

(2) 检测检验机构自定方法应是有计划的活动，应由技术负责人指定具有相应资源的人员来完成。

(3) 在方法制定过程中，需进行定期的评审，以证实客户的需求仍能得到满足。制定自定方法计划应随方法制定的进度、质控的要求、验证实验的结果加以调整，所有参加方法制定的人员应充分沟通，以保证方法的适用性。方法制定计划进行调整时，应当得到批准和授权。

5.4.4 对非标准方法的限定

(1) 非标准方法包括：

——超出限定范围使用的国际或区域标准、地方标准、企业标准发布的方法；

——已废止的旧版本标准方法，目前情况下没有新的替代版本，或新的替代版本不适用；

——为保证安全生产检测检验的一致性，为检测检验机构所共同采用的对标准方法的补充、扩充、修改、超范围使用的《检测检验细则》或《检测检验规范》；

——检测检验机构制定的方法；

——检测检验机构，作为对采样、样品前处理、特定的检测检验质量控制方法等制定的检测检验细则或作业指导书；

(2) 使用非标准方法应征得客户书面同意，满足客户的要求；

(3) 非标准方法应通过确认才能使用。经资质认定确认的非标准方法，才能使用“安全生产检测检验标志”。

5.4.5 方法的确认

检测检验机构建立《方法确认的程序》对安全生产检测检验使用的方法进行确认（见图3.5）。采用新的标准方法、标准方法变更时，也应对使用的检测检验方法进行确认。

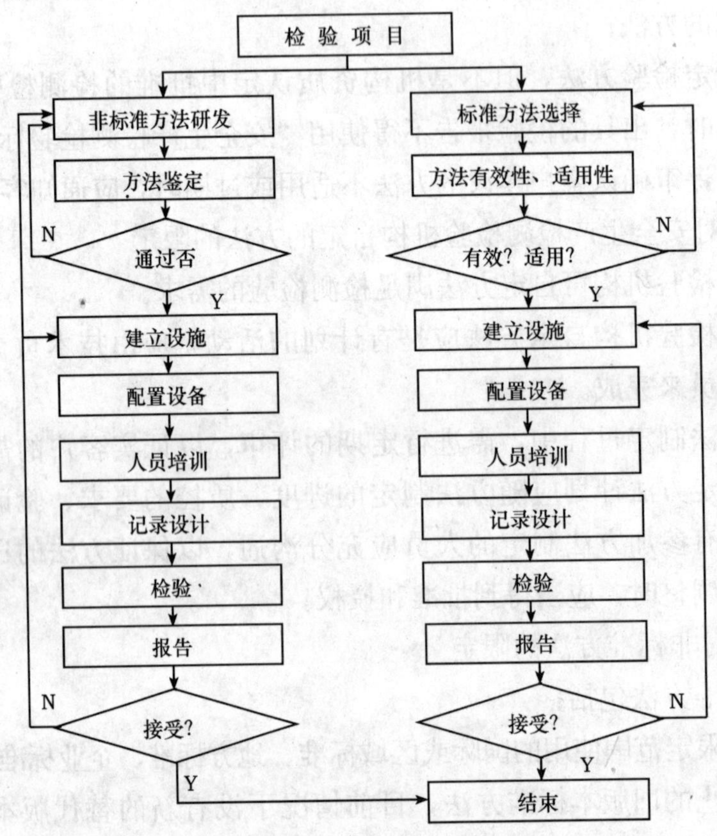

图3.5　检测检验方法验证流程图

标准检测检验方法确认包括两个方面：

（1）证实标准方法是否满足检测检验的要求。当标准方法不能完全满足安全生产检测检验要求时，可制定检测检验细则进行补充、扩充、细化，但检测检验细则应按非标准方法进行确认。

（2）证实检测检验机构的资源是否满足标准方法的要求。从检测检验机构场地、人员、设施、设备、环境条件、资金等各方面全面评估，当所有资源均符合标准要求时，通过模拟检测与质控，方能确认。

5.4.5.1　非标准方法的确认

检测检验机构应对非标准方法和新的检测检验方法、检测检验机构制定的方法进行确认。

（1）确认的目的在于证实非标准方法适用于安全生产检测检验的预期用途。

（2）确认应尽可能全面，包括对抽样、样品处置、运输与流转等程序的确认。制定的方法、超出其预定范围使用的标准方法、扩充和修改过的标准方法应进行确认，以证实该方法适用于预期的用途。检测检验机构应记录所获得的结果、使用的确认程序以及该方法是否适合预期用途的声明。

（3）确认可使用以下技术手段或是其组合：

a）使用参考标准或标准物质（参考物质）进行校准

在对计量仪器设备的检验方法进行确认时，可用标准物质。如确认气体仪表的检验方法时，就可以用标准气样。通过仪表的读数与标准气样赋值的一致性程度，确认检验方法的正确性。

b）与其他方法所得的结果进行比较

对设备的检验实际是对其若干个物理、化学性能进行测定。这种测定从原理上讲，可能有多种方法。我们可以利用不同方法所得结果进行比较。随着科学技术的发展进步，测量数据的人工读取、手工计算，被计算机自动采集、运算所代替。这两种方法所得结果进行比较，也可确认计算机自动采集、运算方法的正确性。

c）检测机构间比对

检测机构间同一量值的测定比对，人员和检测方法可能不同，但应保证相同的环境条件。两组数据进行统计分析的结果表明，数据无异常离群现象时，则可确认二者的检测方法都是正确的。否则，应分析离群原因，改进检测方法，重新对所用方法进行确认。

d）对影响结果的因素作系统性评审

影响检测结果的因素很多，包括所用方法的原理；环境条件，如环境温度、湿度、压力、电磁场、重力场、光辐射、噪声、振动、热源、电源等；仪器设备，如仪器设备的量程、精度、稳定性、重现性、测量不确定度等；操作者的状态，如专业水平、操作技能、心理状态等。评定所有这些影响结果的因素是否都被控制在最低程度。

e）根据对方法的理论原理和实践经验的科学理解，对所得结果不确定度进行的评定当所得测量不确定度在被测量允许的范围内，则证明所用检验方法是可以接受的。

（4）已确认的非标准方法修改后，应进行重新确认，形成记录。

5.4.5.2　检测检验方法确认时，还应按预期用途对方法进行评价，确定该非标准方法是否满足客户的需求。

5.4.6　测量不确定度的评定

5.4.6.1　凡是存在内部校准的检测检验机构，对所有的内部校准应制定并应用《测量不确定度评定程序》，其流程如图 3.6 所示。

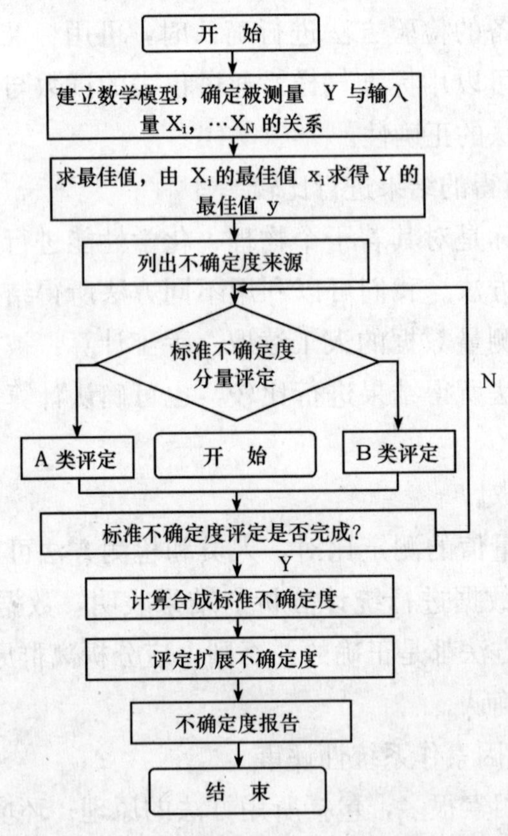

图 3.6　测量不确定度评定的总流程图

5.4.6.2　检测检验机构在检测检验中应用《测量不确定度评定程序》应注意：

（1）对精密测量，可对测量不确定度进行严密的计量学和统计学上的有效计算。

（2）安全生产检测检验中存在大量的破坏性试验、现场在用品检测、现场环境条件检测和检测检验结果受采样影响的检测，妨碍对测量不确定度进行严密的计量学和统计学上的有效计算，这种情况下，检测检验机构至少应努力找出不确定度的所有分量且做出合理评定，并确保结果的报告方式不会对不确定度造成错觉。合理的评定的依据主要有对方法特性的理解和测量范围；过去的经验和确认的数据。

（3）某些情况下，公认的检测检验方法标准或规范中规定了测量不确定度主要来源的值的极限，并规定了计算结果的表示方式，这时，检测检验机构应遵守该检测检验方法和报告的说明（5.10）。

5.4.6.3　不确定度的来源

（1）所用的参考标准和标准物质（参考物质）

——参考标准和标准物质赋值的准确性；

——参考标准和标准物质的不确定度；

——参考标准和标准物质的稳定性。

（2）检测检验方法

不同检测方法，其影响检测结果的因素不同，最终导致影响检测结果不确定度不同。

（3）仪器设备

——仪器设备的量程不同，精度会不一样，测量不确定度会不同；

——稳定性、重现性，直接影响测量不确定度；

——仪器设备本身的测量不确定度。

（4）环境条件

环境温度、湿度、压力、电源等的变化，电磁场、重力场、光辐射、噪声、振动、热源影响的存在，都直接影响测量不确定度。

（5）被检对象的性能和状态

——被检对象的稳定性；

——被检对象的存在形式；

——被检对象运输、储存过程中的变化等。

（6）操作人员

——操作人员对被检对象的认识程度；

——操作人员对影响被检对象性能的各种因素的认识程度；

——操作人员的操作水平。

在评定测量不确定度时，对给定情况下的所有重要不确定度分量，均应采用适当的分析方法加以考虑。

5.4.7　数据控制

5.4.7.1　机构的检测检验计算和数据转移应按计划进行系统的和适当的检查。检查应有记录。

5.4.7.2　机构应当对利用计算机或自动仪器设备采集、处理、记录、报告、存储或检索的检测检验数据进行控制。

a）建立并实施《计算机或自动仪器设备检测数据保护程序》，其流程如图3.7所示。这些程序应包括数据输入或采集、数据存储、数据转移和数据处理的

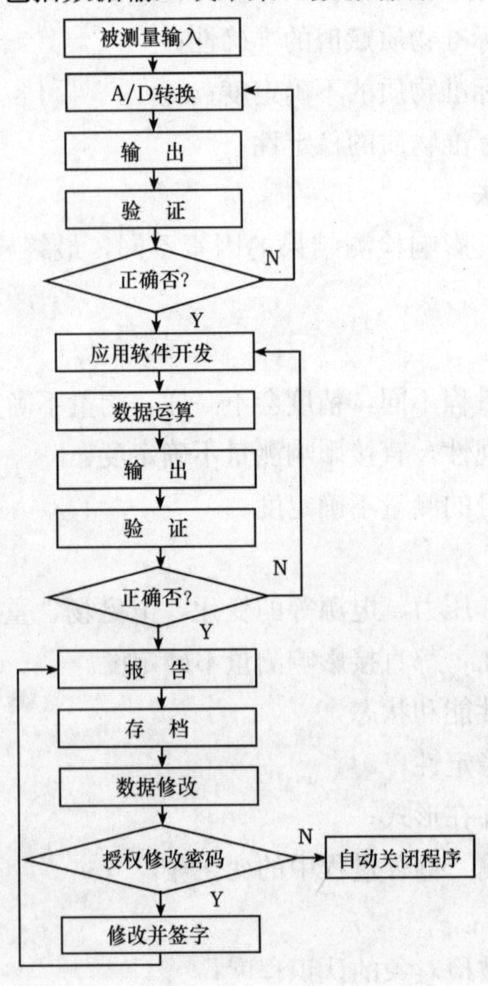

图3.7　自动数据处理系统的数据保护

完整性和保密性等。

b）软件的处置

——通用的商业现成软件（如文字处理、数据库和统计程序），在未超出其设计的应用范围内使用，可以确认；

——经检测检验机构配置或调整通用的商业现成软件，应进行验证确认并记录，方可使用；

——由检测检验机构开发的计算机软件，需制定足够详细的说明文件，应进行验证确认并记录，方可使用；

——矿山四大机械综合测试仪，其他利用计算机或自动仪器设备采集数据的测试仪，不能视为商业现成软件。对这些仪器的使用，应进行验证。

c）维护计算机和自动仪器设备以确保其功能正常，并提供保护检测检验数据完整性所必需的环境和运行条件。

第五节 仪器设备

一、标准条文

5.5 仪器设备

5.5.1 安全生产检测检验机构应配备正确进行检测检验（包括抽样、样品制备、数据处理与分析）所需要的抽样、测量和检测检验仪器设备（包括软件）及标准物质，并对所有仪器设备进行正常维护。

安全生产检测检验机构应有检查在用检测检验仪器设备技术指标的程序。在用仪器设备的完好率应为100%。

安全生产检测检验机构如果要使用永久控制之外的仪器设备（如租用、使用客户的仪器设备），仅限于某些使用频次低、价格昂贵或特定的仪器设备，且应确保满足本标准的要求。使用客户的仪器设备仅限于现场检测检验中不可携带的大型仪器设备。

5.5.2 用于检测检验和抽样的仪器设备及其软件应达到要求的准确度，并符合检测检验相应的规范要求。未经定型的专用检测检验仪器设备需提供相关技术单位的验证证明。对检测检验结果有影响的仪器设备的关键量或值，应制定检定/校准计划。仪器设备（包括用于抽样的仪器设备）在投入使用前应进行检定/校准或核查，以证实其能满足安全生产检测检验机构的规范要求和相应的标准规范。仪器设备在使用前应进行核查和（或）校准（见5.6）。

5.5.3　仪器设备应由经过授权的人员操作。仪器设备使用和维护的最新版说明书（包括仪器设备制造商提供的有关手册）应便于有关人员取用。

5.5.4　用于检测检验并对结果有影响的每一仪器设备及其软件，如可能，均应加以唯一性标识。

5.5.5　应保存对检测检验具有重要影响的每一仪器设备及其软件的档案。该档案至少应包括：

a) 仪器设备及其软件的名称；

b) 制造商名称、型式标识、系列号或其他唯一性标识；

c) 对仪器设备是否符合规范的核查记录（见5.5.2）；

d) 当前的位置（如果适用）；

e) 制造商的说明书（如果有），或指明其地点；

f) 所有检定/校准报告或证书；

g) 仪器设备维护计划（适当时），以及已进行的维护和使用记录；

h) 仪器设备的任何损坏、故障、改装或修理的记录；

i) 仪器设备接收和启用日期。

5.5.6　检测检验机构应具有购置、验收、安全处置、运输、存放、使用和有计划维护测量仪器设备的程序，以确保其功能正常并防止污染或性能退化。在安全生产检测检验机构固定设施以外的场所使用测量仪器设备进行检测检验或抽样时，应制定附加的控制程序。

5.5.7　曾经过载或处置不当、给出可疑结果，或已显示出缺陷、超出规定限度的仪器设备，均应停止使用，并应予隔离以防误用，或加贴标签、标记，以清晰表明该仪器设备已停用，直至修复并通过检定/校准或测试表明能正常工作为止。安全生产检测检验机构应核查这些缺陷或偏离规定极限对过去进行的检测检验所造成的影响，并执行“不符合工作控制”程序（见

4.9)。

5.5.8 安全生产检测检验机构控制下的需检定/校准的所有仪器设备(包括标准物质),只要可行,应使用标签、编码或其他标识表明其检定/校准状态,包括上次检定/校准的日期、再检定/校准或失效日期。标识分为“合格”“准用”“停用”三种,分别以绿、黄、红三种颜色表示。黄色标签上应注明该仪器设备准用或限用的范围。

5.5.9 无论什么原因,若仪器设备脱离了安全生产检测检验机构的直接控制,安全生产检测检验机构应确保该仪器设备返回后,在使用前对其功能和检定/校准状态进行核查并能显示满意结果。

5.5.10 当需要利用期间核查以保持仪器设备检定/校准状态的可信度时,应按照规定的程序进行。

5.5.11 当校准产生了一组修正因子时,安全生产检测检验机构应有程序确保其所有备份(例如计算机软件中的备份)得到正确更新,并确保其得到正确应用。

5.5.12 检测检验仪器设备包括硬件和软件应得到保护,以避免发生致使检测检验结果失效的调整。

二、标准条文理解

5.5.1 总体要求

(1) 满足正确进行检测检验需配备的设备(包括硬件和软件),有抽样设备、样品制备设备、检测测量设备、数据处理设备、取证设备和标准物质。

(2) 总体管理要求

①设备配备是否正确的依据是标准要求,证据是《检测检验仪器设备配置表》。首先是有检测检验仪器设备;第二是检测检验仪器设备量程满足要求;第三是检测检验仪器设备精度满足要求。

②标准物质和参考标准按设备进行管理。

③应有检测检验仪器设备使用记录。有使用记录,为今后可能的追溯提供证据。同时,使用记录也为设备使用前后的状态是否完好提供证据。

④设备应按计划正常维护,以确保其使用的正确性。维护应有记录。

⑤检测检验机构应制定并实施《检测检验仪器设备管理程序》，其流程如图3.8所示。对在用检测检验仪器设备技术指标进行检查，在用仪器设备的完好率应为100%。

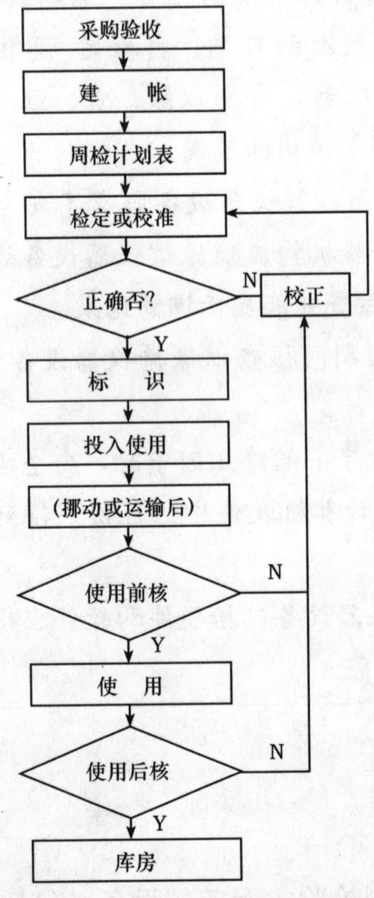

图3.8　检测检验设备管理流程图

⑥如果要使用检测检验机构永久控制范围以外的仪器设备（如租用仪器设备），仅限于某些使用频次低、价格昂贵且非安全性能的检测设备或特定的仪器设备，且应保证满足本标准的相关要求。

——租用设备应成为永久控制范围以内的仪器设备。租用设备应由检测检验机构负责维护、校准、操作、单独使用；

——使用客户的仪器设备仅限于不便携带的大型设备或特定的仪器设备，如只有极个别企业生产的某一设备的出厂检验项目的检验设备；

——不允许临时借用仪器设备。

检测检验机构应配备正确进行检测检验（包括抽样、样品制备、检测、数据处理与分析）所需要的抽样、测量和检测检验的仪器设备（包括软件）及标准物质，并对所有仪器设备进行正常维护。

5.5.2　仪器设备管理要求

（1）精度和准确度达到标准要求，满足安全生产检测检验需要。

（2）安全生产检测检验使用大量未经定型的、非标准的、专用检测检验仪器设备，这些设备应有相关技术单位的验证证明。应有全部鉴定文件。

（3）对结果有影响的仪器的关键量或值，应制定检定/校准计划。应有滚动管理的《检测检验仪器设备周检计划表》。仪器设备（包括用于抽样的仪器设备）在投入服务前应进行检定/校准，且应授权相关人员对检定/校准结果进行确认，以证实其能满足检测检验机构的规范要求和相应的标准规范要求。

（4）仪器设备在使用前应进行核查，检查设备的标识、计量证书，确认设备许用的状态、在检定/校准有效期内，方才有可能投入使用；有的设备在正式用于测试时，还应进行校核，如用标准物质校对、调零、仪器仪表自校等；还应核对校准证书提供的校准因子，在测试中正确使用。

5.5.3　仪器设备应由经过培训考核合格，授权的专门人员，即有操作证的人员操作；仪器设备使用和维护的最新版技术资料，包括仪器设备制造商提供的有关手册、软硬件操作说明、机构编制的操作规程、计量证书、修正因子的使用说明、设备操作维护记录等，应置于检测现场，便于有关人员取用。

5.5.4　用于检测检验并对结果有影响的每一仪器设备及其软件，均应加以唯一性编号。应在《检测检验仪器设备管理程序》中规定仪器设备及其软件的唯一性编号的编号方法。仪器设备及其软件唯一性编号的编号方法应力求简单，只要体现唯一性，在设备管理中能严格按编号方法对每一仪器设备及其软件进行编号即可。应尽可能避免一长串汉语拼音字母混在编号中，造成混淆或识别不清。仪器设备的唯一性编号应牢固标志在设备的明显部位，便于检测人员识别和记录。在检测检验记录中，应记录每一仪器设备及其应用软件的名称及唯一性编号。在对仪器设备及其应用软件的管理中，保证账、物一致。

5.5.5　对检测检验具有重要影响的每一仪器设备及其软件均应建立档案。同一仪器设备的软、硬件档案应装在一起。该档案至少应包括：

a）仪器设备及其软件的名称及唯一性标识；

b）制造商名称、型式标识、系列号或出厂编号；

c）对仪器设备是否符合规范的核查记录；

d）当前的位置（如果适用）；

e）制造商的说明书（如果有），或指明说明书所在地点；

f）校准报告或检定证书；

g）仪器设备维护计划，以及已进行的维护和使用记录（适当时）；

h）仪器设备的任何损坏、故障、改装或修理的记录；

i）仪器设备接收和启用日期及验收记录。

5.5.6　检测检验机构的《检测检验仪器设备管理程序》，应包含设备购置、验收、安全处置、运输、存放、使用和有计划维护、维修、报废整个寿命周期的相应要求，以确保其功能正常并防止污染或性能退化，正确用于检测检验。在检测检验机构固定设施以外的场所使用测量仪器设备进行检测检验或抽样时，应制定相应的控制要求。

5.5.7　曾经出现过载或处置不当、给出可疑结果，或已显示出缺陷、超出规定限度等问题的仪器设备，均应停止使用，或经核查确认限用。停用或限用的设备应采取隔离，或加贴标签、标记等，以防误用。设备修复后，应通过校准或测试表明能正常工作，方能投入使用。使用前应更换与设备当前使用状态相适应的标识。凡是在设备上一次计量至正式停用或限用前所产生的检测数据，检测检验机构都应全面核查，对其产生的影响，启动《不符合工作控制程序》进行核查与追索。

5.5.8　检测检验机构控制下的需检定/校准的所有仪器设备（包括标准物质），都应有确定的标识。标识可使用标签、编码或其他标识方法，但同一机构的标识形式应相对统一。标识内容有设备的唯一性编号；校准状态、上次校准的日期、再校准或失效日期；设备的允许使用状态标识，分为“合格”“准用”“停用”三种，分别以绿、黄、红三种颜色表示。黄色标签上应注明该仪器设备准用或限用的范围。

5.5.9　一旦用于检测检验并对结果有影响的所有仪器设备，无论外借、维修、出租等任何原因，在脱离了检测检验机构的直接控制返回后，检测检验机构在使用前应对其功能进行核查，确认校准状态得到保持后方能使用。

5.5.10　检测检验机构应制定并实施《检测检验仪器设备期间核查程序》，

其流程如图 3.9 所示。检测检验仪器设备期间核查是有计划的活动。每年年初，检测检验机构应制定《检测检验仪器设备期间核查计划》。核查对象主要是精密度高、使用频次高、性能不稳定、经常携带和运输的仪器设备。

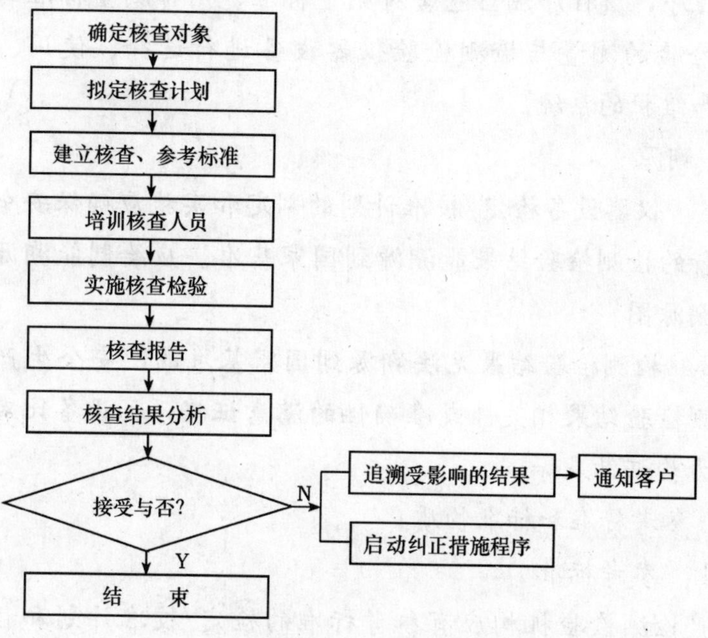

图 3.9　检测检验设备期间核查流程图

5.5.11　检测检验机构应有程序确保仪器设备检测检验读数及其所有备份(例如计算机软件中的备份)，能根据校准产生的一组修正因子，及时得到修正。

5.5.12　检测检验机构应保护检测检验仪器设备（包括硬件和软件)，避免发生任何可能导致检测检验结果失效的调整。

第六节　测量溯源性

一、标准条文

> 5.6　测量溯源性
>
> 5.6.1　总则
>
> 用于检测检验的对检测检验和抽样结果的准确性或有效性有影响的仪器

设备，包括辅助测量仪器设备（例如用于测量环境条件的仪器设备），在投入使用前应进行检定/校准。安全生产检测检验机构应制定仪器设备检定/校准的计划和程序，该程序应当包含对测量标准、用作测量标准的标准物质以及用于检测检验的测量与检测检验仪器设备进行选择、使用、检定/校准、核查、控制和维护的系统。

5.6.2 溯源

5.6.2.1 仪器设备检定/校准计划的制定和实施应确保安全生产检测检验机构所进行的检测检验结果能溯源到国家基准。应绘制能溯源到国家计量基准的量值溯源图。

5.6.2.2 检测检验结果无法溯源到国家基准的，安全生产检测检验机构应提供检测检验结果相关性或准确性的满意证据，如设备比对、检测机构间比对、能力验证结果等。

5.6.3 参考标准和标准物质

5.6.3.1 参考标准

安全生产检测检验机构应有参考标准的检定/校准计划和程序。参考标准应由能提供溯源的机构进行检定/校准。参考标准在任何调整之前和之后均应检定/校准。安全生产检测检验机构持有的测量参考标准应仅用于校准而不用于其他目的，除非能证明作为参考标准的性能不会失效。

5.6.3.2 标准物质

可能时，安全生产检测检验机构应使用有证标准物质。只要技术和经济条件允许，应对内部标准物质进行核查。

5.6.3.3 期间核查

应根据规定的程序和日程对参考标准和标准物质进行核查，以保持其检定/校准状态的置信度。

5.6.3.4 运输和储存

安全生产检测检验机构应有程序来安全处置、运输、存储和使用参考标准和标准物质，以防止污染或损坏，确保其完整性。当参考标准和标准物质用于安全生产检测检验机构固定设施以外的场所进行检测检验或抽样时，应制定附加的控制程序。

二、标准条文理解

5.6.1　总体要求

（1）量值溯源性是通过一条具有规定不确定度的不间断的比较链，使测量结果或标准的值能够与规定的参考标准（通常是国家的或国际标准）联系起来的一种特性。

（2）溯源的目的就是强调所有测量结果或标准的量值都能溯源到国家基准或国际计量基准。

（3）机构实现“量值溯源性”是通过检测检验用计量器具的定期计量检定或校准来实现的。所以，对检测检验和抽样结果的准确性或有效性有影响的仪器设备，包括辅助测量仪器设备（例如用于测量环境条件的仪器设备），在投入服务前应进行检定/校准。

5.6.2　溯源

溯源的正确与否决定于检定/校准服务采购评审的正确与否。可以参考计量行政部门的“×××计量器具检定系统图”，按照仪器设备的测量范围及测量不确定度的要求，正确选择可靠的检定/校准部门。检测检验机构需检定/校准的仪器，应包含在提供检定/校准服务的机构的计量认证证书附表中。所以，采购某机构的检定/校准服务时，应获取该机构的计量认证证书附表。

5.6.2.1　内部校准的仪器，应有量值溯源图。其量值应能溯源到国家基准。

5.6.2.2　检测检验结果无法溯源到国家基准的，检测检验机构应提供检测检验结果相关性或准确性的满意证据，如设备比对、检测机构间比对、能力验证结果等。

5.6.3　参考标准和标准物质

5.6.3.1　参考标准

（1）参考标准：在给定地区或在给定机构内，通常具有最高计量特性的标准。在给定地区或在给定机构内所做的测量均由它导出。

检测检验机构可以建立“参考标准”，用于自校、期间核查。

（2）参考标准应有检定/校准计划，并按计划检定/校准。

（3）参考标准只作校准用。

(4) 参考标准作他用，或进行了调整，应重新检定/校准。

5.6.3.2　标准物质

(1) 标准物质：具有一种或多种足够均匀和很好地确定了的特性，用以校准测量装置、评价测量方法或给材料赋值的一种材料或物质。

(2) 检测检验机构使用的“标准物质”应是“有证标准物质”。

(3)“有证标准物质”应纳入设备管理。必要时，应做“期间核查”。

5.6.3.3　期间核查

为证明参考标准和标准物质状态的稳定性，宜按计划进行期间核查。

5.6.3.4　运输和储存

(1) 检测检验机构应建立和实施《参考标准和标准物质管理程序》，其流程如图3.10所示。

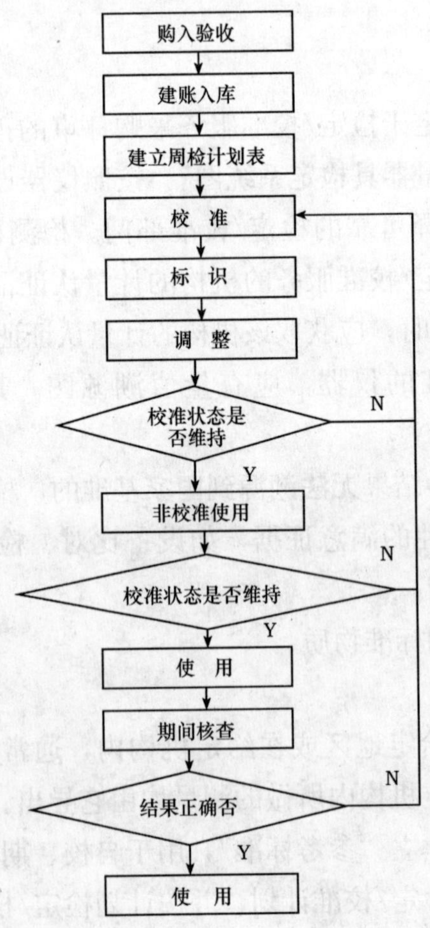

图3.10　参考标准、标准物质管理流程图

(2)《参考标准和标准物质管理程序》应确保参考标准和标准物质处置、运输、存储和使用的安全，防止污染或损坏，保证其完整性。

(3)《参考标准和标准物质管理程序》应包括使用参考标准和标准物质在离开固定设施的场所进行检测检验时的管理，必要时可以建立附加管理程序。

第七节 抽 样

一、标准条文

5.7 抽样

5.7.1 安全生产检测检验机构为后续检测检验而对物质、材料或产品进行抽样时，应有用于抽样的抽样方案和程序。抽样方案和程序在抽样的地点应能得到。只要合理，抽样方案应根据适当的统计方法制定，并符合安全生产检测检验的相关标准、规范。应有抽（封）样工具，抽样过程应注意需要控制的因素，以确保检测检验结果的有效性。

抽样程序应当对取自某个物质、材料或产品的一个或多个样品的选择、抽样方案、提取和制备进行描述，以提供所需的信息。

5.7.2 当客户对文件规定的抽样程序有偏离、添加或删节的要求时，应详细记录这些要求和相关抽样信息，并纳入包含检测检验结果的所有文件中，同时告知相关人员。

5.7.3 当抽样作为检测检验工作的一部分时，安全生产检测检验机构应有程序记录与抽样有关的资料和操作。这些记录应包括所用的抽样程序、抽样人的识别、环境条件（如果相关）、必要时有抽样位置的图示或其他等效方法，如果合适，还应包括抽样程序所依据的统计方法。

二、标准条文理解

5.7.1 总体要求

(1) 全数检验：如果产品数量不多，且检验为非破坏性的，耗费的人力财力也不多，可以对产品进行逐个检验。

（2）抽样检验：产品批量很大，或检验会对产品造成破坏，或检验费用昂贵，全数检验就显得既不合理又不经济，这就提出了抽样检验。抽样检验是取出物质、材料、产品、服务的一部分作为其整体的代表进行检验的形式。

（3）抽样检验的理论基础是概率统计理论。

（4）为使抽样检验真正具有代表性，就必须建立并实施《抽样检验控制程序》，其流程如图 3.11 所示。根据不同产品，选用不同的抽样标准，确定抽样方案，即抽样方法、样本大小、合格判定数。抽样方案的确定应慎重，将检验方和被检验方的风险控制在双方都能接受的水平。

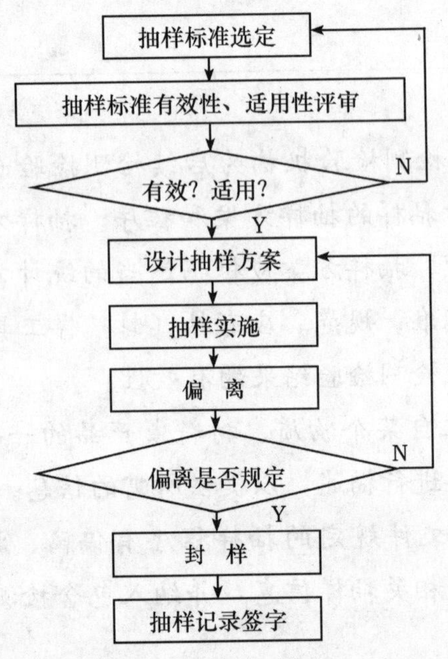

图 3.11　抽样控制流程图

5.7.2　在客户对文件规定的抽样程序提出偏离、添加或删减要求时，应将这些要求通知所有相关人员，详细记录客户的这些要求和实际的抽样信息，并在所有检测检验结果的文件中体现。

5.7.3　当抽样是检测检验全部任务的一部分时，如职业危害检测的现场采样，应详细记录抽样的全部过程，即所用的抽样程序、抽样人的识别（签字）、环境条件（如果相关）、抽样位置的图示或其他等效方法、抽样程序所依据的统计方法等。现场抽样记录上还应有被检单位现场人员的确认签字。

第八节 检测检验物品（样品）的处置

一、标准条文

5.8 检测检验物品（样品）的处置

5.8.1 安全生产检测检验机构应有用于检测检验物品的运输、接收、处置、保护、储存、保留和（或）清理的程序，包括为保护检测检验物品的完整性以及安全生产检测检验机构与客户利益所需的全部条款。安全生产检测检验机构应有经授权的专职或兼职人员管理检测检验物品。应有分区明确的物品存放场所。

5.8.2 安全生产检测检验机构应具有检测检验物品的标识系统。物品在安全生产检测检验机构的整个期间应保留该标识。标识系统的设计和使用应确保物品不会在实物上或在涉及的记录和其他文件中混淆。如果合适，标识系统应包含物品群组的细分和物品在安全生产检测检验机构内外部的传递。

5.8.3 在接收检测检验物品时，应记录物品的状态特征、异常情况或与检测检验中所述正常（或规定）条件的偏离。当对物品是否适合于检测检验存有疑问，或当物品不符合所提供的描述，或对所要求的检测检验规定得不够详尽时，安全生产检测检验机构应在开始工作之前问询客户，以得到进一步的说明，并记录讨论的内容。

5.8.4 安全生产检测检验机构应有程序和适当的设施避免检测检验物品在储存、处置和准备过程中发生退化、丢失或损坏。应遵守随物品提供的处理说明。当物品需要被存放或在规定的环境条件下养护时，应保持、监控和记录这些条件。当一个检测检验物品或其一部分需要安全保护时，安全生产检测检验机构应对存放和安全做出安排，以保护该物品或其有关部分的状态和完整性。安全生产检测检验机构应保存物品的流转记录。

在检测检验之后需要重新投入使用的被检物品，需特别注意确保物品在处置、检测检验或储存或等待过程中不被破坏或损伤。

应当向负责抽样和运输样品的人员提供抽样程序，及有关样品储存和运输的信息，包括影响检测检验结果的抽样信息。

二、标准条文理解

5.8.1　总体要求

(1) 检测检验机构应建立并实施《检测检验物品（样品）控制程序》，其流程如图 3.12 所示，确保被检物品（样品）在运输、接收、处置、保护、存储等环节中的完整性、安全和固有性能不受影响；确保被检物品（样品）在保留或处理时有序进行和保护客户利益；应有措施控制被检物品（样品）在运输过程中所受的影响。

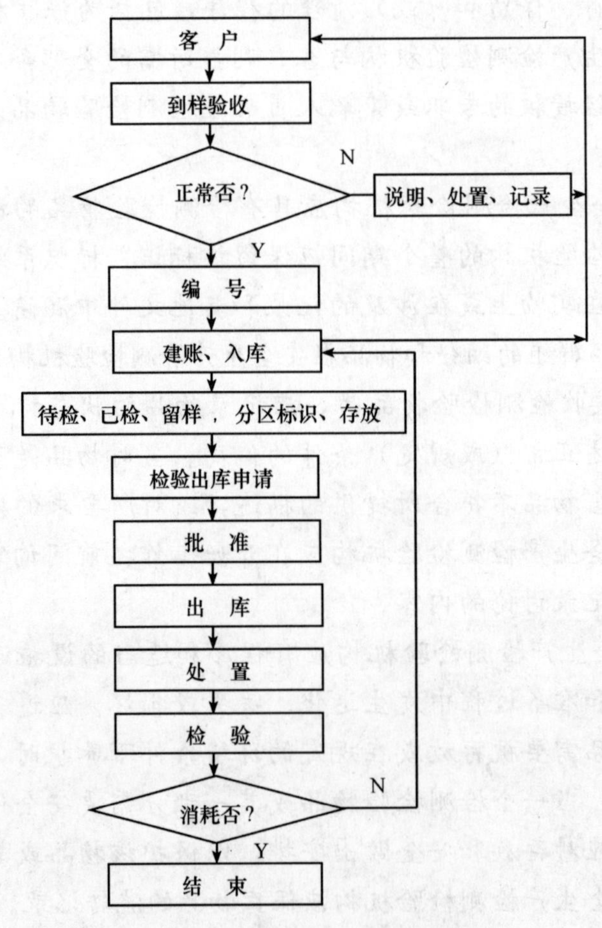

图 3.12　检测样品管理流程图

(2) 检测检验机构应设置检测检验物品管理人员，该人员应经培训授权；

(3) 检测检验物品（样品）入库保管应建立台账；应有检测检验物品（样品）出入库管理制度；物品（样品）应分区摆（存）放。并应有检验状态标识：

“待检”“在检”“已检”“留样”等。

5.8.2 检测物品的标识

(1) 检测检验机构应建立并实施《被检物品（样品）标识系统》，就是“被检物品（样品）的编号方法”。

(2) 被检物品（样品）的编号应是唯一的，在检测检验机构的整个期间应保留该标识。

(3) 在对“系统产品”的检测中，被检物品（样品）的编号，还应考虑组成系统物品群组的细分标识。

(4) 防止被检物品（样品）在检测检验机构内部、外部传递过程中的混淆。

5.8.3 检测检验物品接收

(1) 在接收检测检验物品时，应详细记录物品的状态特征；

(2) 发现异常情况或偏离检测检验要求的正常（或规定）条件，对物品是否适合于检测检验、是否符合客户所提供对物品的描述，检测检验机构应在开始工作之前与客户沟通、确认，并记录讨论的内容。

5.8.4 检测检验物品的处置

(1) 检测检验机构《检测检验物品（样品）控制程序》应有避免检测检验物品在存储、处置和准备过程中发生退化、丢失或损坏的规定。应遵守随物品提供的处理说明。当物品需要被存放或在规定的环境条件下养护时，应有设备设施保持、监控和环境条件记录。

(2) 当一个检测检验物品或其一部分有安全保护要求时，检测检验机构有存放和安全保护措施，保护该物品或其有关部分的状态和完整性。

(3) 检测检验机构应有检测检验物品流转记录，在物品流转过程中适时记录，并随检测检验的记录和其他文件一起归档保存。

(4) 在检测检验之后需要重新投入使用的被检物品，如在用品的检验，需特别注意确保物品在处置、检测检验或存储等过程中不被破坏或损伤。在用品的检验中，作为检测检验结果判定依据的状态也应记录。

(5) 被检物品（样品）的处置

①标准没有明确规定对被检物品（样品）的处置时，检测检验机构应有相应的作业指导书；

②被检物品（样品），特别是在用品检验，检测检验前，被检对象应恢复到

适检状态；

③检测检验机构应公示对被检物品（样品）的保存期限和对超保存期限的被检物品（样品）进行处理的权力。检测检验机构自行处置超保存期限的样品时，应履行规定的程序，经批准后由指定人员实施。

第九节　检测检验结果质量的保证

一、标准条文

5.9　检测检验结果质量的保证

5.9.1 安全生产检测检验机构应有质量控制程序以监控检测检验的有效性。所得数据的记录方式应便于可发现其发展趋势，如可行，应采用统计技术对结果进行审查。这种监控应有计划并加以评审，可包括（但不限于）下列内容：

a）定期使用有证标准物质进行监控，和（或）使用次级标准物质开展内部质量控制；

b）参加检测机构间的比对或能力验证计划；

c）使用相同或不同方法进行重复检测检验；

d）对存留物品进行再检测检验；

e）分析一个物品不同特性结果的相关性。

所选用的方法应当与所进行工作的类型和工作量相适应。

5.9.2　安全生产检测检验机构应分析质量控制的数据，当发现质量控制数据超出预先确定的判据时，应采取已计划的措施来纠正出现的问题，并防止报告错误的结果。

二、标准条文理解

应该说，标准第 4 章管理要求中的 15 个要素和第 5 章技术要求中的 10 个要素，其目的都旨在保证检测检验结果质量。本节提出“检测检验结果质量的保证”是从具体的技术操作层面来讲述如何保证检测检验结果质量。

5.9.1 为保证检测检验结果质量，检测检验机构应建立并实施《检测检验结果质量控制程序》，其流程如图 3.13 所示，确保检测检验结果的有效性。

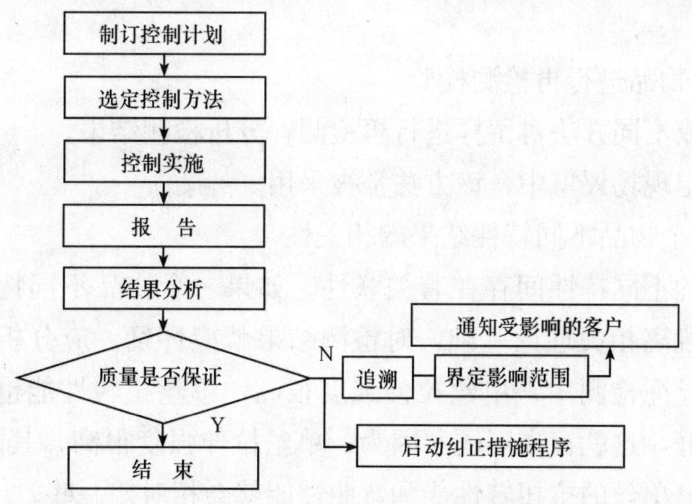

图 3.13 检测结果质量控制流程图

(1) 检测检验结果质量控制是有计划的活动。作为机构的质量负责人，应在每年年初对机构的检测检验结果质量控制计划作出安排。该计划应有确定的控制对象和确定的控制方法。

(2) 检测检验结果质量控制采取的方法有：

a) 定期使用有证标准物质（参考物质）进行监控和/或使用次级标准物质（参考物质）开展内部质量控制

如利用有证标准物质对检测检验仪器、设备、参考标准进行期间核查。

b) 参加检测机构间的比对或能力验证计划

凡国家或行业的能力验证计划，只要涉及本机构检测检验能力的，皆应积极报名参加。涉及本机构检测检验能力而不参加能力验证计划的，其已批准的能力有可能被撤销。

没有能力验证计划时，应积极寻求检测检验机构间的比对。检测检验机构间的比对包括拟订检测检验机构间的比对计划、签订比对合同、合同评审、实施比对合同检测检验项目、编制检测检验报告、交换检测检验报告、分析检测检验结果。当检测检验结果离群时，启动纠正措施程序、纠正措施验证。纠正措施验证应提交证据。

c) 使用相同或不同方法进行重复检测检验

该方法适用于正在进行的检验对象，也适用于留样再测对象。由不同的人员用同一方法进行检测，比较检测结果；由同一个人，用不同的方法进行检测，比较检测结果。

d）对存留物品进行再检测检验

利用相同或不同方法对留样进行再检测，分析检测结果。

在资质认定现场评审中，该方法常被采用。

e）分析一个物品不同特性结果的相关性

一个物品的不同特性间存在着关联性。如果一个物品不同特性检测结果的关联性表现出脱离相关理论基础，对检测结果就应怀疑。应分析产生不关联的原因。例如钢丝绳检测中，单丝拉伸强度很高，单丝扭转性能也很好，或单丝弯曲性能也很好，这就存在问题。因为，单丝拉伸强度很高，其刚性就比较好。单丝刚性较好，单丝的抗扭转性能和弯曲性能就会相对差一些。

5.9.2　在实施《检测检验质量控制程序》中，应分析检测结果。当发现检测结果异常时，应启动纠正措施程序、对纠正措施进行验证。纠正措施验证应提交证据。

第十节　结果报告

一、标准条文

5.10　结果报告

5.10.1　总则

安全生产检测检验机构应准确、清晰、明确和客观地报告每一项检测检验、或一系列检测检验的结果，并符合检测检验方法中规定的要求。

结果应以书面检测检验报告的形式出具，并且应包括客户要求的、说明检测检验结果所必需的和所用检测检验方法要求的全部信息。这些信息通常是5.10.2和5.10.3或5.10.4中要求的内容。

在与客户有书面协议的情况下，可用简化的方式报告结果。对于5.10.2至5.10.4中所列却未向客户报告的信息，应能方便地从安全生产检测检验机构中获得。

5.10.2 基本要求

5.10.2.1 每份检测检验报告应至少包括下列信息：

a）标题（例如“检验报告”“检测报告”）；

b）安全生产检测检验机构的名称和地址，进行检测检验的地点（如果与安全生产检测检验机构的地址不同或检测检验结果与检测检验地点有关时）；

c）检测检验报告的唯一性标识（如系列号）和每一页上的标识，以确保能识别该页是属于检测检验报告的一部分，以及表明检测检验报告结束的清晰标识；

d）客户的名称和地址；

e）所用标准或方法的识别；

f）检测检验类别；

g）检测检验物品的描述、状态和明确的标识；

h）对结果的有效性和应用至关重要的检测检验物品的接收日期和进行检测检验的日期；

i）如与结果的有效性或应用相关时，安全生产检测检验机构或其他机构所用的抽样方案和程序的说明；

j）检测检验的结果；

k）检测检验人员、审核人员、授权签字人的签名或等效的标识；

l）必要时，结果仅与被检测检验物品有关的声明；

m）未经安全生产检测检验机构书面批准，不得复制（全文复制除外）检测检验报告的声明。

5.10.2.2 每份检测检验报告还应至少符合下列要求：

a）检测检验的结果应采用法定计量单位。

b）检测检验报告的硬拷贝应有页码和总页数。

c）检验检验报告应由授权签字人批准。

5.10.3 意见和解释

5.10.3.1　当需对检测检验结果做出解释时，除5.10.2中所列的要求之外，检测检验报告中还应包括下列内容：

a）对检测检验方法的偏离、增添或删节，以及特定检测检验条件的信息，如环境条件；

b）相关时，符合（或不符合）要求和（或）规范的声明；

c）适用时，评定测量不确定度的声明。当不确定度与检测检验结果的有效性或应用有关，或客户有要求，或不确定度影响到对规范限度的符合性时，检测检验报告中还应包括有关不确定度的信息；

d）适用且需要时，提出意见和解释（见5.10.3.3）；

e）特定方法、客户或客户群体要求的附加信息。

5.10.3.2　当需对检测检验结果作解释时，对含抽样结果在内的检测检验报告，除了5.10.2和5.10.3.1所列的要求之外，还应包括下列内容：

a）抽样日期和抽样人；

b）抽取的物质、材料或产品的清晰标识（适当时，包括制造者的名称、标示的型号或类型和相应的系列号）；

c）抽样位置，包括任何简图、草图或照片；

d）所用的抽样方案和程序；

e）抽样过程中可能影响检测检验结果解释的环境条件的详细信息；

f）与抽样方法或程序有关的标准或规范，以及对这些规范的偏离、增添或删节。

5.10.3.3　当含有意见和解释时，安全生产检测检验机构应把提出意见和解释的依据制定成文件。意见和解释应在检测检验报告中清晰标注。

检测检验报告中包含的意见和解释可以包括下列内容：

a）对结果符合（或不符合）要求声明的意见；

b）合同要求的履行；

c）如何使用结果的建议；

d）用于改进的指导。

许多情况下，通过与客户直接对话来传达意见和解释或许更为恰当，但这些对话应当有文字记录。

5.10.4 从分包方获得的检测检验结果

当检测检验报告包含了由分包方所出具的检测检验结果时，这些结果应予清晰标明。检测检验机构应要求分包方提供书面或电子报告。

5.10.5 结果的电子传送

当用电传、传真或其他电子或电磁方式传送检测检验结果时，应满足本标准的要求（见5.4.7)。

5.10.6 检测检验报告的格式

检测检验报告的格式应设计为适用于所进行的各种检测检验类型，并尽量减小产生误解或误用的可能性。

同一安全生产检测检验机构内检测检验报告格式应尽可能统一；检测检验报告编排应合理，尤其是检测检验数据的表达方式，应易于读者理解。表头应当尽可能地标准化。

5.10.7 检测检验报告的修改

对已发布的检测检验报告的实质性修改，应以追加文件或信息变更的形式，并应包括如下声明：

a)“对系列号……（或其他标识）检测检验报告的补充,”，或其他等效的文字形式。

b）这种修改应满足本标准的所有要求。

c）当有必要发布全新的检测检验报告时，应注以唯一性标识，并注明所替代的原件。

二、标准条文理解

5.10.1 总体要求

(1) 检测检验报告是检测检验机构开展安全生产检测检验活动的最终产品。

(2) 检测检验机构应按检测检验方法中规定的要求和 AQ 8006—2010 的要求，诚实、准确、清晰、明了和客观地报告承担的检测检验中每一项检测检验、或一系列检测检验的结果。

(3) 检测检验结果通常应出具书面的检测检验报告。报告应包括客户要求的、检测检验方法要求的、AQ 8006—2010 要求的，客观和全面报告检测检验结果要求的全部信息。

5.10.2　基本要求

标准中列出了报告应包括的 13 种基本信息和应符合的 3 个基本要求。其中：

(1) 报告封面信息（如图 3.14）包括

——封面左上角有安全生产检测检验资质绿色标识和经过计量认证的计量认证标识；

——右上角有报告的唯一性编号；

——正中靠上有“检验报告”或“检测报告”；

在“检验报告”或“检测报告”下方有：

——设备（或产品）名称；

——型号规格；

——受检单位名称；

——检验类别；

——报告封面下方居中有检测检验机构名称；

——在检测检验机构名称的居中位置有检测检验机构检测检验章（红章）。

(2) 报告封 2 信息（图 3.15）包括

——上方居中有检测检验机构的“声明”或“注意事项”；

——下方有检验机构通讯信息。

(3) 报告首页信息（图 3.16）包括

——抽样、样品及检测检验要求的信息；

——委托、被检单位的信息；

——检测项目、依据及结果；

——安全生产监管监察部门有要求时，样品的实物或照片；

——对分包、租用、偏离等应说明事项的说明；

——批准、审核、主检等相关人员应签名；

——“批准”处，只能由授权签字人签名；

——“签发日期”处，由授权签字人填写《检验报告》批准的日期，且加盖检验机构的“检验专用章”（红色）。

(4) 报告附页——检测检验结果示例（图 3.17）：

20××Z　　(20××)国安监检甲×××××

(唯一性编号)

检验报告

产品名称 ______

型号规格 ______

受检单位 ______

检验类别 ______

检　验　机　构　名　称

图 3.14　报告封面示例

声　明

1. 检验报告无“检验专用章”（或检验单位公证）和“安全生产检测检验中心标识及编号”无效；

2. 检验报告不得局部复制。复制报告未重新加盖“检验专用章”（或检验单位公证）无效；

3. 检验报告无主检、审核、批准人签字（章）无效；

4. 报告涂改无效；

5. 对报告若有异议，应于收到报告之日起十五日内向检验单位提出，逾期不予受理；

6. 检验结果只对被检物品负责。

地　　址:

邮政编码:

联系电话:

传　　真:

E-mail:

图 3.15　报告封 2 示例

（检　验　机　构　名　称）

检　验　报　告

（唯一性编号）　　　　　　　　　　　　　　　　　　　　第1页共××页

被检对象名称		商标/型号规格	
受检单位			
地　址		邮政编码	
联 系 人		联系电话	
任务来源		抽样日期	
抽样地点		抽样方式	
抽样基数		抽样人员	
到样日期		送样人员	
样品状态		样品数量	
生产日期		检验类别	
检验地点		安标编号	
检验依据			
检验项目			
样品（照片）			
检验结论	（检验专用章） 签发日期：		
备注			

批准：　　　　　　　　审核：　　　　　　　　主检：

图 3.16　报告首页示例

检　验　机　构　名　称

检测检验报告

（唯一性编号）　　　　　　　　　　　　　　　　　　　　第2页共××页

序号	检验项目名称	技术要求	检验结果	结论	备注
1					
2					

检测检测日期：　年　月　日～　年　月　日

图 3.17　报告检测检验结果页示例

——报告附页表格内容根据具体情况设计；

——报告附页中的“标准要求”应该用“标准要求”中的“关键词”表述，或将“标准要求”用明显的数学公式表述。应杜绝将“标准要求”原文照抄一遍；

——给出检测检验人员领取样品至完成检测检验的日期；

——附页表格的表头应标准化。

(5) 检测检验报告的表述方式应能防止“误读”和“误用”。

5.10.3　意见和解释

检测检验机构应授权专门人员承担意见和解释工作，意见和解释人员的要求见5.2.5“人员”一节。

5.10.3.1 当需要对检测结果作出解释时，应在检测检验报告中体现对检测检验方法的偏离、对规范的或要求的符合性说明、评定测量不确定度的声明、客户的附加要求等。

5.10.3.2 当需要对检测结果作出解释时，还应在检测检验报告中增加抽样日期和抽样人、抽样方案和程序、抽样的环境条件及对结果影响的说明、抽样位置图、规定抽样方法或程序的标准或规范、对规定的抽样方法的偏离等。

5.10.3.3 意见和解释主要包括：

(1) 对结果符合（或不符合）要求声明的意见

对于结果符合（或不符合）要求的判定依据是被检对象执行的国家标准或行业标准，或相关法规。

(2) 合同要求的履行

对合同要求的履行所涉及的方面主要是检测检验完成时间，不能按时完成检测检验工作的客观原因可以作出解释；至于其他方面，在合同评审时已经解决。合同内容不能履行，或不能按合同内容要求完整地报告检测检验结果时，检测检验机构应有形成文件的解释依据，不能随心所欲。

(3) 如何使用结果的建议

当检测结果是在特定条件下获得时，检测结果的应用是应受到限制的。这种“特定”条件应有标准依据，并制定成文件。

(4) 用于改进的指导

这只是一种建议。尽管如此，这种“改进指导”也应有形成文件的依据。

5.10.4 对分包检测检验结果的说明

(1) 从分包方获得的检测结果，在报告首页的“备注”栏中注明分包项目及分包方。

(2) 检测检验机构应要求分包方提供电子或书面的检测检验报告。

(3) 由检测检验机构指定分包方时，检测检验机构应对分包的检测检验结果负责。

5.10.5 结果的电子传送

(1) 追加文件应是机构的公函。公函的事由应是：关于对编号×××××检测检验报告的补充说明。公函内容示例如图 3.18 所示。

关于对编号×××××检测检验报告的补充说明

×××××单位：

1. 编号××××的检测检验报告第××页顺数第×行中的“××××……”应为“×××××……××××”；

2. 编号××××的检测检验报告第××页中的“××××……”应为“×××××……××××”；

3. ……。

(检测检验公章)
检测检验机构名称
日期

图 3.18 修改报告的追加文件示例

(1) 用电传、传真、电磁等方式传送检测检验报告应符合保护客户所有权的规定，且应有防止修改的措施。

(2) 防止“误读”和“误用”，安全生产检测检验报告不允许用电话传送。

5.10.6 检测检验报告的格式

(1) 同一机构的检测检验报告格式（封面、封面、首页、幅面）统一，表头标准化。幅面建议用 A4 纵向。

(2) 同一类被检对象的检测检验报告首页、结果汇总页的信息应统一。

(3) 报告的格式应能简洁、明了、正确、全面地表述检测检验内容和结果，防止产生误解或误用。

5.10.7 检测检验报告的修改

(1) 已发布的检测检验报告，凡是出现实质性的修改，都应采用追加文件或更换报告的方式，不应以电子、口头的方式通知委托单位。

(2) 当有必要发布全新的检测检验报告时，应在新的检测检验报告唯一性编号下方注明“代替ABC×××××”。“ABC×××××”为被代替检测检验报告的唯一性编号。

检测检验报告的这种修改应满足本标准对检测检验报告的所有要求。

附件 1

AQ 8006 与ISO/IEC 17025的主要差异

AQ 8006—2010 条款	ISO/IEC17025：2005 条款	主要差异
1　范围	1　范围	1. AQ 8006 规定了安全生产检测检验的能力的通用要求； 2. AQ 8006 是安全生产检测检验机构进行资质评审的依据； 3. 除法规要求外，AQ 8006 不包含运作中应符合的法律要求。
2　规范性引用文件	2　规范性引用文件	增加引用文件 ISO/IEC 17000。
3　术语和定义	3　术语和定义	1. 增加了安全性能、安全生产检测检验等必要的术语和定义； 2. 增加使用 ISO/IEC17000 中确立的术语和定义。
3.5	/	机构的资质分甲级和乙级。
4.1.1	4.1.1	要求安全生产检测检验机构具有法人资格。
4.1.2	/	增加满足安全生产监管监察部门要求。
4.1.3	/	增加对安全生产检测检验机构工作场所和检测设备设施的要求。
4.1.6	4.1.5	1. 增加防止商业贿赂；(b) 2. 增加政策和程序避免其管理层和员工从事与安全生产检测检验活动有关的产品设计、研制、生产、销售、安装、使用、维修等与出具的数据和结果存在利益关系的活动；(d)

续表

AQ 8006—2010 条款	ISO/IEC17025：2005 条款	主要差异
		3. 增加安全生产检测检验机构高层管理者、各部门主管、授权签字人的任命和变更的管理要求；(g) 4. 增加了安全生产检测检验机构的技术负责人和质量负责人在高层管理者中产生的要求；(i、j) 5. 关键管理人员进行了明确；(k) 6. 细化开展新检测检验工作的要求；(m) 7. 增加对检测检验活动中人员、仪器设备、设施、被检对象等的安全措施要求；(n) 8. 增加了对指令性检测检验任务的管理要求；(o) 9. 增加检测检验收费的管理要求。(p)
4.3.2.2	4.3.2.2	明确了对检验用法律法规、标准与规范有效性的评审要求。
4.4.4	4.4.4	对合同的任何偏离需得到客户书面认可。
4.5.1	4.5.1	1. 规定分包方需具有检测检验资质； 2. 对分包项目进行了限定。乙级机构不允许分包； 3. 增加了分包不属于安全生产检测检验机构能力范围的说明。
4.7.1	4.7.1	增加对延误或主要偏离要以书面通知客户，并保存记录。
4.7.3	/	增加发现被检对象安全隐患应及时报告的要求。

续表

AQ 8006—2010 条款	ISO/IEC17025：2005 条款	主要差异
4.7.4	/	增加对检测机构间交流的要求。
4.8 申诉与投诉	4.8 投诉	增加申诉与投诉管理方面的管理要求。
4.9.1 (f)	/	增加对“不符合工作控制”记录的要求。
4.11.1	4.11.1	增加需指定人员实施纠正的政策和程序。
5.2.2	/	对甲、乙级检测机构中级以上技术人员和注册安全工程师的数量进行了规定。
5.2.3	/	增加对技术、质量和主持工作负责人员的资质和经历的明确要求。
5.2.4	/	增加了对授权签字人的明确要求。
5.2.6	/	增加了对检测人员的能力的要求。
5.2.10	/	增加了对检测检验人员的行为要求。
5.3.4	/	增加安全作业的要求。
5.3.5	/	增加环境保护的要求。
5.4.2	5.4.2	强调检测检验方法优先选择与安全生产检测检验相关的标准。
5.5.1	5.5.1	增加了对现场检验用仪器设备及对租用、使用客户的仪器设备的限制要求。
5.5.2	5.5.2	增加了对未经定型的专用检测检验设备的规定。
5.5.8	5.5.8	增加设备校准状态的标识要求。

续表

AQ 8006—2010 条款	ISO/IEC17025：2005 条款	主要差异
5.6.2.1	5.6.2.1	增加了绘制量值溯源图的要求。
5.8.1	5.8.1	增加对检测检验物品的管理人员和物品存放的要求。
5.8.4	5.8.4	需保存物品的流转记录
5.10.2（k）	5.10.2	检测报告中增加检测检验人员、审核人员、授权签字人的签名或等效的标识的内容。
5.10.2.2（c）	/	增加了检测检验报告应由授权签字人批准的要求。
5.10.3.2（a）	/	增加了对抽样人信息的要求。
5.10.6	5.10.6	增加了同一检测检验机构内的检测检验报告格式应尽可能统一的要求。

附件 2

建议建立的管理体系文件及要求

条款	要素	AQ 8006 中明确要求建立的体系文件	建议建立的管理体系文件	备注
4	管理要求	公正性声明	公正性声明	可放在管理手册中
		书面授权	书面授权	独立的红头文件
4.1	组织	组织结构图	组织结构图	可放在管理手册中
		保护客户机密与所有权程序	保护客户机密信息和所有权的程序	程序文件
		人员任命文件	人员任命文件	独立的红头文件
		管理岗位职责分配表	岗位职责分配表	可作为管理手册的附件
		/	安全生产检测检验人员行为规范	可列入管理手册，或在保护客户机密信息和所有权的程序中提出专门要求
		/	防止商业贿赂的管理制度	可列入管理手册，或在保护客户机密信息和所有权的程序中提出专门要求
		/	保密管理制度	可在保护客户机密信息和所有权的程序中提出专门要求

续表

条款	要　素	AQ 8006 中明确要求建立的体系文件	建议建立的管理体系文件	备　注
4.1	组织	/	检测检验安全作业管理制度	可包含在安全作业管理程序中
		/	执行指令性检测检验任务的管理制度	
		/	机构内部沟通制度	
4.2	管理体系	管理手册	管理手册	覆盖 15 个管理要素，10 个技术要素；管理体系内的所有部门、人员、活动。
4.3	文件控制	文件控制程序	文件控制程序	
		计算机系统中文件更改程序	计算机系统中文件更改程序	可在文件控制程序中提出专门要求
4.4	要求、标书和合同评审	合同评审程序	合同评审程序	
4.5	检测检验的分包			如需要可建立专门的程序或管理制度
4.6	服务和供应品的采购			如需要可建立专门的程序或管理制度
4.7	服务客户		服务客户的管理要求	如需要可建立专门的程序

续表

条款	要　素	AQ 8006 中明确要求建立的体系文件	建议建立的管理体系文件	备　注
4.8	申诉与投诉	申诉与投诉的工作程序	申诉与投诉的工作程序	程序文件
4.9	不符合工作的控制	不符合工作的控制程序	不符合工作的控制程序	程序文件
4.10	改进		改进工作实施程序	程序文件
4.11	纠正措施	纠正措施程序	纠正措施程序	程序文件
4.12	预防措施	预防措施程序	预防措施程序	程序文件
4.13	记录的控制	记录的控制程序	记录的控制程序	程序文件
4.14	内部审核	内审程序	内审程序	程序文件
4.15	管理评审	管理评审程序	管理评审程序	程序文件
5	技术要求			
5.1	总则			
5.2	人员	人员培训程序	人员培训程序	
5.3	设施和环境条件	安全作业管理程序	安全作业管理程序	可合并为设施和环境条件控制程序，包括含安全作业及环境保护的要求。
		环境保护程序	环境保护程序	
5.4	检测检验方法	检测检验控制程序	检测检验控制程序	应包含现场检测检验的控制要求，也可对现场检测检验制定专门的程序文件。

续表

条款	要素	AQ 8006 中明确要求建立的体系文件	建议建立的管理体系文件	备注
5.4	检测检验方法	测量不确定度评定程序	测量不确定度评定程序	对每一类型检测检验测量不确定度的评审，应分别制定具体的作业指导书。
		数据保护程序	计算机或自动仪器设备检测数据保护程序	可包括非计算机和自动食品设备对检测检验数据进行采集、处理、记录、报告时的数据控制。
			方法的确认程序	包括新项目审批、新标准使用、非标准方法确认等。
5.5	仪器设备	仪器设备管理程序 仪器设备现场使用的管理程序	检测检验仪器设备管理程序 仪器设备现场使用的管理程序	可合并为一个程序，但应包含两方面的内容。
5.6	测量溯源性	参考标准和标准物质管理程序	参考标准和标准物质管理程序	
5.7	抽样	抽样管理程序	抽样检测控制程序	
5.8	检测检验物品（样品）的处置	检测检验样品（物品）控制程序	检测检验样品（物品）控制程序	
5.9	检测检验结果质量的保证	检测检验结果质量控制程序	检测检验结果质量控制程序	
5.10	结果报告		检测报告的管理程序	

附件 3

安全生产检测检验机构资质申请指南

1 目的

为规范安全生产检测检验机构（以下简称检测检验机构）资质认定申请工作，进一步明确国家安全生产监督管理总局（以下简称国家安监总局）的相关要求，提高资质认定的工作质量和工作效率，特制定本指南。

2 适用范围

本指南可供申请机构在提出安全生产检测检验资质初次认定及已获认定检测检验机构提出增项、变更和换证认定的正式申请时使用。

3 职责

3.1 申请安全生产检测检验资质认定的检测检验机构（以下简称申请机构），按规定的要求填写《申请书》（AQJY 401）（格式见附录），并提交相关资料。

3.2 申请机构申请甲级资质

3.2.1 申请机构应当于每年 6 月份或 12 月份向所在地省级安全生产监督管理部门、省级煤矿安全监察机构（以下简称省级资质审批机关）提出申请，省级资质审批机关应当在 5 个工作日内对申请机构提供的材料进行预审并决定是否受理。予以受理的，自受理之日起 5 个工作日内完成符合性审查工作，并出具书面审查意见，向国家安监总局资质审批机关提交申报材料；不予受理的，应当说明理由并书面通知申请机构。

3.2.2 国家安监总局资质审批机关接到申报材料后，应当及时登记。对手续齐全、材料完备的，即予以受理，及时将有关申报材料分送相关业务司局进行专业技术能力审查，委托技术服务机构或专家进行形式审查。相关业务司局、技术服务机构或专家应当在接到相关资料之日起 10 个工作日内，完成审查工作并向国家安监总局资质审批机关书面反馈审查意见。不予受理的，应当说明理由并书面通知省级资质审批机关。

3.3　申请机构申请乙级资质

3.3.1　省、自治区、直辖市安全生产监督管理部门受理本行政区域内非煤矿安全生产检测检验乙级资质认定的申请，负责申请资料的符合性审查，同时负责专业技术能力审查及申请资料形式审查。

3.3.2　省级煤矿安全监察机构受理所辖区域内煤矿安全生产检测检验乙级资质认定的申请，负责申请资料的符合性审查，同时负责专业技术能力审查及申请资料形式审查。

3.4　受国家安监总局资质审批机关的委托，安全生产检测检验机构资质认定技术服务机构（设在中国安全生产科学研究院的国家安全生产检测技术中心）负责组织甲级机构申请资料形式审查。

4　相关要求

4.1　申请书及其附表的格式

4.1.1　申请书及其附表的结构不应改动。

4.1.2　对每一附表，应逐项填写，不够的可加页。每一附表页码自行排列。“申请书附表”栏内填写的各附表页（份）数应与各附表的实际页（份）数一致。

4.1.3　填写内容中汉字一律为宋体五号字，字母与数字一律为“Times New Roman”五号字。

4.2　申请书及其附表的填写原则

4.2.1　申请书及其附表所填写的信息均应真实、准确，与申请机构实际情况相符合，杜绝弄虚作假，并对由此引起的后果负责。需要特别注意的是，由于安全生产检测检验机构资质认定现场评审是一种抽样检查活动，不可能覆盖被评审机构的全部活动，所以当现场评审发现下列任何一种情况时，本次评审结论将作为“不符合”处理，评审组不予向资质审批机关推荐/维持认定：

a）申请资料（特别是人员、设施与环境、设备、检测检验方法）与实际情况严重不符；

b）不符合国家安监总局第12号令第六条规定的基本条件。

4.2.2　申请书及其附表中，所有需要签名处，均应由该文件中写明的签名人亲自签名；所有需要填写日期处均应按该文件的要求或该文件形成的日期填写日期。

4.2.3　申请书及其附表中，所有需在横线上填写具体内容之处，如实填写，无相应内容的，应填“/”，不应留空。

4.3　监督评审不必填写申请书，但兼增项和/或变更的监督评审，仍须填写增项和/或变更申请书。对增项评审，应在每年 6 月份或 12 月份提出增项认定申请。

4.4　乙级机构同时申请煤矿、非煤矿资质的，所有申请资料均应将煤矿、非煤矿分开，分别向省级煤矿安全监察机构、省级安全生产监督管理部门提交申请资料。

4.5　涉及多场所的，申请书附表 1、附表 1.1、附表 1.2、附表 1.3、附表 2、附表 4 亦应分场所分别填写。

4.6　本指南附件 1《申请递交资料清单》，给出了资质认定申请资料准备指南。

4.7　本指南附件 2《申请书填写须知》，给出了资质认定申请书填写指南。

5　其他有关事项

5.1　申请书除“六、随申请书提交的有关资料”外，其他内容均需要进入“安全生产检测检验机构信息管理系统”中的“资质认定网上申报系统”进行网上申报，同时提交纸质文本一式二份。

5.2　所有复印件均应加盖申请机构公章。

5.3　填报过程中遇到问题，请与资质审批机关或技术服务机构联系。

附件 1：申请递交资料清单

附件 2：申请书填写须知

附录：申请书（AQJY 401）

附件 1

申请递交资料清单

序号	内　容	要　求	资料形式	备　注
0	申请书及其附表	申请书正文、附表 1～附表 6，封面加盖与申请机构名称一致的公章	纸质文本	
			电子文本	网上提交
1	法人营业执照（证书）	最新年检版本的企业法人营业执照/事业法人登记证书	复印件	没有变化时，增项、变更时可不提供
2	组织机构框图	包括外部关系图和内部组织结构图	复印件	没有变化时，增项、变更时可不提供
3	平面图	申请涉及的能力范围内的实验场所、办公场所（如涉及多个场所，请详细说明）	复印件	增项、变更时，仅提供涉及增项、变更项目的平面图
4	现行有效的管理手册和程序文件	依据国家安监总局最新公布的评审标准和相关应用细则编制的现行有效的非受控版本	纸质文本	没有变化时，增项、变更时可不提供
			电子文本	
4.1	内审及管理评审记录	最近一次	复印件	仅初次申请时提供
5	典型项目的检测检验报告	每一申请领域至少提供 1 份具有代表性的报告	复印件	增项、变更时，仅提供涉及增项、变更项目的典型报告
6	计量认证合格证书（含附表）	有效的证书及获认证的检测能力范围、授权签字人附表	复印件	

续表

序号	内容	要求	资料形式	备注
7	从事与安全生产相关的检测检验工作经历的客观证据	1. 法人或主管单位（部门）成立检测检验机构的批件 2. 检测检验机构历史沿革的相关批件或证明材料	复印件	仅初次申请时提供
8	专业技术人员技术职称、注册安全工程师注册证明	1. 所有专业技术人员（含技师以上工人）技术职称证书 2. 注册安全工程师在本机构注册的证书	复印件	没有变化时，增项、变更时可不提供
9	技术负责人从事与安全生产相关的检测检验工作经历的客观证据	1. 任命文件 2. 相关工作经历及证明材料	复印件	没有变化时，增项、变更时可不提供
10	其他资料（若有请提供）	1. 有分包项目的：分包协议、分包单位资质证明 2. 有租用设备、设施、场所的：设备等租用协议 3. 已取得国家重点实验室或其他检测检验资质证明 4. 开展新项目和变更的评审材料目录 5. 参加检测能力考核活动的相关资料 6. 非标准方法的相关资料	复印件	增项、变更时，仅提供与增项、变更内容相关的材料

附件 2

申请书填写须知

0　封面

0.1　申请机构：填写申请机构的全称，加盖申请机构公章，填写的名称与公章上的名称必须一致。该名称应为申请机构从事安全生产检测检验时使用的名称。

0.2　申请级别：填写申请机构申请认定的资质级别，分甲级和乙级。

0.3　申请日期：填写申请机构向资质审批机关提交申请书时的日期。一般情况下，申请日期与资质审批机关收到申请的日期，不应当超过 1 个月，以保证申请信息的现实有效性。

1　申请机构概况

填写与申请资质相关的申请机构概况。

1.1　名称：填写申请机构的全称，必须和封面“申请机构”栏的名称、公章上的名称完全一致。

1.2　地址、邮政编码：填写申请机构的详细地址（如果存在多个场所，则此处仅填写 1.6 项中联系人所在的地址），包括省（自治区、直辖市）、市（地）、区（县）、路（街道、社区、乡）、号（村）等及与该地址相对应的邮政编码。

1.3　传真电话：填写申请机构有效的传真电话或 1.6 项中联系人的有效传真电话。

1.4　电子信箱：填写申请机构有效的电子信箱或 1.6 项中联系人的有效的电子信箱。如果没有，应注册一个电子信箱。

1.5　网址：填写申请机构的有效网址（如果有）。

1.6　联系人、职务、固定电话、移动电话：填写申请机构负责资质认定申请事宜的申请机构总部联系人姓名及该人员在申请机构的职务、有效固定电话和移动电话。

1.7　主持工作负责人、职务、固定电话、移动电话：填写申请机构主持工作的负责人，一般为申请机构的常务副主任或主任，姓名必须与任命文件一致；

该人员在申请机构的职务、有效固定电话和移动电话。

1.8　法定代表人、职务、固定电话、移动电话：填写申请机构的法定代表人，姓名必须与所提供的企业法人执照或事业单位法人证书一致；该人员在申请机构的职务、有效固定电话和移动电话。

1.9　主管单位（部门）名称：申请机构有行政主管部门的，填写行政主管部门名称；没有行政主管部门的，可以填写上一层的管理单位名称，如××集团等；如果申请机构是一个完全的独立实体，没有任何行政主管部门或管理单位，在此栏内注明“无”。

1.10　法人营业执照（证书）编号：企业法人填写工商部门发放的企业法人营业执照上的注册号（是负责人而非法人的营业执照无效）；事业法人填写事业单位管理部门发放的事业单位法人证书上的证书编号。

1.11　注册资金：企业法人填写工商部门发放的营业执照副本上的注册资金数；事业法人填写事业单位管理部门发放的事业单位法人证书副本上的开办资金数。

1.12　初次获得安全生产检测检验机构资质证书号及获得日期：填写检测检验机构第一次（2004 年 5 月之后）获得安全生产检测检验机构资质的证书号、日期。初次申请时不填写。

2　申请类型及证书状况

将本次申请类型前面的“□”变为“■”。

对增项、变更、换证申请类型，“原证书号”是指现行有效的安全生产检测检验机构资质证书号；“有效期至”是指现行有效的安全生产检测检验机构证书所注最终的有效日期。

兼有增项、变更、换证两种以上申请类型（如增项兼变更、换证兼增项和/或变更）的，应同时将所申请的所有类型前面的“□”变为“■”，并填写统一的原证书号、最终有效日期。

3　申请机构基本信息

填写申请机构所具备的与申请的检测检验资质相关的资产、人员、设备设施、工作经历、管理体系及其本次申请的技术能力等情况。

3.1　设备设施特点

将申请机构安全生产检测检验资质认定范围内所拥有的设备设施类别前面

的“□”变为“■”。

(1) 固定：是指申请机构的设备设施相对固定地安装在所提供的检测检验机构平面图范围内。

(2) 离开固定设施的现场：是指申请机构的设备设施需要带离检测检验机构平面图范围而进行现场检测检验。

(3) 临时：是指资产不属于申请机构，但申请机构与资产拥有机构之间签订了有效的设备、设施租用协议，对设备、设施拥有自主使用、维护、溯源的权利；或是指申请机构临时拥有的设备、设施。

(4) 可移动：是指申请机构的移动实验室、检测车等。

3.2　参加检测能力考核活动情况

填写最近3年来申请机构参加的检测能力考核活动的情况，如国家安监总局组织的年度检测能力考核项目、参加能力验证计划。

3.3　人员及设备设施

(1) 申请机构始建信息：填写申请机构成立日期。应与3.4的描述及本指南附件1序号7所提供的材料保持一致。

(2) 申请机构人员信息：填写与拟申请资质（含已获认定资质）相关的在编人员（含签约人员）总数；在编人员中从事安全生产检测检验的专业技术人员（专业技术职称为技术员以上、职业技能等级为技师以上）总数；在编人员中具有高级技术职称和高级技师的人员数、中级职称和技师的人员数、注册安全工程师人数。应与5.4申请书附表4所填写的在编人员及本指南附件1序号8所提供的材料保持一致。

(3) 申请机构设备设施信息：填写与申请资质（含已获认定资质）的检测检验能力相关的仪器设备总数、设施总数及仪器设备设施原值总价。应与5.5申请书附表5所填写的仪器设备总数、设施总数、仪器设备设施原值总价保持一致。

3.4　从事与安全生产相关的检测检验工作经历

简要描述申请机构的成立时间，历史沿革，重要的检测检验工作经历。应与本指南附件1序号7所提供的材料一致；申请机构始建时间应与3.3 (1)“申请机构始建信息”所填写内容一致。

3.5　管理体系初始运行时间及最新版本管理体系实施日期的说明

填写申请机构最初建立的管理体系的实施日期及现行有效的最新版本管理体系的实施日期。

3.6　本次申请的技术能力

(1) 申请的检测检验领域：将申请认定的检测检验领域前面的“□”变为“■”。

(2) 申请的检测检验能力范围：填写申请认定的“被检对象”总数。应与 5.1 申请书附表 1、5.1.1 申请书附表 1.1 和 5.1.2 申请书附表 1.2 中的总数一致。

(3) 申请的授权签字人：填写申请认定检测检验领域范围的授权签字人总数。应与 5.2 申请书附表 2 和 5.2.1 申请书附表 2.1 的人数一致。

4　申请机构特殊信息

如果存在，申请机构填写以下特殊信息。

4.1　对分包项目的说明

填写申请机构所有分包项目及各项目分包单位。所有分包项目均应在 5.1 申请书附表 1 的“说明”栏中注明“分包”，同时应按本指南附件 1 序号 10 的要求，提供相应的分包协议、分包单位的资质证明。

4.2　对租用设备、设施、场所的说明

填写申请机构在申请认定范围内所有租用的设备设施名称、出租单位、租用期限、设备使用、设备维护、设备校准等情况。所有使用租用设备设施的项目均应在 5.1 申请书附表 1 的“说明”栏中注明“租用设备”，同时应按本指南附件 1 序号 10 的要求，提供相应的设备设施租用协议。需要说明的是，租用设备设施是指由申请机构的人员进行操作并对租用的设备设施进行维护，能控制其校准状态和使用环境。

借用设备既不是租用，也不属分包，是不允许的。

若申请机构有租用场所的情况，应填写租用的办公、检测场所的地址、出租单位、租用期限，并按本指南附件 1 序号 10 的要求，提供相应的租用协议。

4.3　已取得国家重点实验室或其他检测资质情况说明

填写申请机构已取得的国家重点实验室名称、批文号；国家质检中心名称、批文号；部级质检中心名称、批文号；计量认证证书号及有效日期；实验室认可证书号及有效日期等。所有资质情况均应按本指南附件 1 序号 10 的要求提供资质证书或批文复印件；实验室认可、计量认证、授权证书须同时提供附表。

4.4　对多场所情况的说明

多场所是指部分检测检验项目所在地与检测检验机构总部（1.1 和 1.2 提供的机构名称、地址）不在同一个地址（地级以下市不在同一城市、地级市不在同一市/县、地级以上市不在同一行政区），但所涉及的管理体系的所有要素（如组织、管理体系、人员、设施、设备、溯源、结果报告等）均真实包含在申请机构的整个管理体系之中的各个场所。应在本栏详细填写申请机构各场所的名称和具体地址等。

5　申请书附表

5.1　附表1　申请的检测检验能力范围

本次申请认定的所有“被检对象”均应列入本表，本表所列“被检对象”的序号、名称，“项目/参数”的序号、名称及依据标准编号、名称均应与 5.1.1 附表 1.1 一致。所有申请的检测检验项目必须有检测检验经历。填写时应注意：

（1）序号：按申请认定的“被检对象”排序，序号总数与 3.6（2）中申请认定的“被检对象”总数一致。

（2）被检对象：

a）“被检对象”的排列：按申请的检测检验领域归类排列。

b）“被检对象”的名称：严格按照标准或国家安监总局规定并公布的最新版安全生产检测检验目录所规定的名称填写。

（3）项目/参数：

“项目”指检测检验活动所针对的被检对象属性，可包含若干“参数”。

a）每一“被检对象”的项目/参数，有标准的，按标准中所列项目/参数顺序，全部依次展开；没有标准的，按国家安监总局规定并公布的最新版安全生产检测检验目录所列项目/参数顺序，全部依次展开；序号按该“被检对象”展开的项目/参数自行排列。

b）同一“被检对象”依据一个以上标准时，应保证“项目/参数”与依据标准正确对应。

c）申请的项目/参数，原则上应通过计量认证，并按本指南附件 1 序号 6 的要求提供计量认证证书附表。

（4）依据标准编号及名称

a）同一“被检对象”或“项目/参数”只需列出依据的标准，不必列出引用标准，但可对引用标准单独申请认定，也可对方法标准单独申请认定。

b）对同一“被检对象”，按 GB、AQ、MT、JB、其他标准类别的顺序排列标准。

c）同一“被检对象”依据的各标准之间另起行填写。

d）对每一标准，标准编号在前，带书名号的标准名称紧接标准编号之后。

e）对每一标准编号，标准类别代号与标准号之间不加空格，标准号与标准年号之间用“一”分隔，标准年号按标准文本填写，且不得空缺。

f）使用非标准方法时，按本指南附件 1 序号 10 的要求，提供相关资料。

（5）限制范围：

如不能对标准要求的某个项目/参数进行检测检验，或只能选用其中的部分方法对某个项目/参数进行检测检验时，应在“限制范围”栏内注明“不检”“只用××方法”“不用××方法”“只检××以下”或“只检××及以下”。

（6）说明：

必须现场检测、可移动设施内检测、分包、租用设备、使用非标准方法及兼有增项和/或变更的检测检验范围或其他需要说明的情况，在“说明”栏注明“现场”“移动”“分包”“租用设备”“非标准方法”“增项”“变更”。

（7）所有变更项目的内容应与 5.1.3 附表 1.3 中“变更的内容”一致。

（8）存在多场所时，应分场所填写。

5.1.1　附表 1.1　仪器设备配置表

该表是所有申请资料中最重要的内容。填写时应注意：

（1）“被检对象”顺序应与 5.1 附表 1 完全对应。

（2）“项目/参数”栏：“被检对象”的所有项目/参数均应与 5.1 附表 1 完全对应。

（3）“标准条款号/方法条款号”栏：

a）对既有技术要求又有试验方法的依据标准，“标准条款号”填写技术要求条款号，“方法条款号”填写试验方法条款号。

b）对只有技术要求而没有试验方法的依据标准，“标准条款号”填写技术要求条款号，“方法条款号”填写试验方法标准编号及条款号。

c）对没有技术要求而只有试验方法的纯试验方法标准，不填写“标准条款号”，“方法条款号”填写试验方法条款号。

（4）使用仪器设备的名称、型号规格、唯一性编号须与5.5附表5中一致。使用的仪器设备必须是在附表5中列出的，其中“唯一性编号”为申请机构的内部编号。租用设备也必须列入其中。

（5）“溯源方式”栏应注明：外部检定/校准、内部检定/校准、比对或其他验证方式等。其中外部检定/校准是指送到申请机构以外的机构进行检定或校准，内部检定/校准是指在申请机构进行检定或校准。

（6）必须现场检测、可移动设施内检测、分包、租用设备、使用非标准方法的检测检验项目，在“备注”栏中分别标注“现场”“移动”“租用设备”“分包”“非标准方法”。

（7）存在多场所时，应分场所填写。

5.1.2　附表1.2　检测检验标准核查表

（1）序号、被检对象的顺序及名称、依据标准均应与5.1附表1完全对应。

（2）应对附表1中所有申请认定的依据标准逐一核查。

（3）是否通过计量认证，需要核查计量认证证书的附表。

（4）“核查结论”中填写标准是否现行有效，是否通过计量认证，用“Y”或“N”表示。

（5）“核查结论”若出现“N”，应另附说明。

（6）使用非标准方法时，“核查结论”中“标准是否现行有效”用“N”表示，并按本指南附件1序号10的要求，提供相关资料。

（7）存在多场所时，应分场所填写。

5.1.3　附表1.3检测检验能力变更申请表

（1）申请机构在获得资质认定后，如其批准范围内的检测检验能力（标准、方法、设备）发生变更，应及时向资质审批机关申请。申请变更时，须同时提交申请书正文、附表1、附表1.1、附表1.2、附表2、附表2.1和本表。

（2）序号与申请书附表1一致。

（3）所列变更项目，均应在5.1附表1内列出，且序号、变更的内容中的信息，与5.1附表1完全对应。

（4）除标准变更外，某一“项目/参数”所对应的检测方法或检测设备的变化、某一“被检对象”减少标准或减少“项目/参数”，也属于检测检验能力变更之列。

（5）某一“被检对象”增加标准或增加“项目/参数”，不属于检测检验能力变更，而应属于增项。

（6）应在最后的“说明”栏中填写新旧标准、方法、设备等的差异。

（7）多场所时，应分场所填写。

5.2　附表 2　申请的授权签字人一览表

（1）列出所有申请的授权签字人。申请的授权签字人总数须与 3.6（3）中信息一致。

（2）“授权签字领域”请按申请书中的“申请的检测检验领域”进行描述。

（3）“授权签字领域”中的内容应与附表 2.1 中“申请授权签字的领域”相同。

（4）申请的授权签字领域与申请机构申请认定的全部检测检验领域一致时，填写“全部范围”；限制授权签字领域范围的，填写“××（拟授权签字的领域或‘被检对象’名称）”。

（5）在“备注”栏注明维持、新增、取消或授权领域变化（指增加或减少授权领域）等情况（初次申请除外）。

（6）本次申请中，授权签字人的授权签字范围涉及增项、变更项目，均视为授权签字领域变化。

（7）授权签字人应为相关检测检验领域的主要负责人，每个专业领域一般不超过三个授权签字人。

（8）多场所时，应分场所填写。

5.2.1　附表 2.1　授权签字人申请表

（1）附表 2 所列申请的授权签字人分别填写。

（2）申请授权签字的领域须与附表 2 一致。

5.3　附表 3　管理体系核查表

（1）核查表依据 AQ 8006—2010《安全生产检测检验机构能力的通用要求》标准编制，编号与标准一致，其中标准的条款 1、2 和 3 在核查表中省略。若某检测检验领域制定了《安全生产检测检验机构能力的通用要求在×××领域的应用细则》，则除了按照附表 3 进行核查外，还应按照相应领域的应用细则（附表 3.×：管理体系核查表×）进行核查。

（2）“对应的管理体系文件名称及章节/条款号”和“自查结果说明”栏由申请机构填写。

（3）“自查结果说明”栏应逐个条款详细说明检查情况。

5.4　附表4　在编人员一览表

（1）只需列入与申请的安全生产检测检验资质（含已获认定资质）相关的在编人员（含签约人员）。

（2）专业技术人员及其比例应符合国家安监总局第12号令第六条的要求。

（3）在编人员总数、专业技术人员数、高级技术职称人数（含高级技师）、中级技术职称人数（含技师）、注册安全工程师人数须与3.3（2）中信息一致。

（4）所有专业技术人员（含职业技能等级技师以上人员）、注册安全工程师均应按附件1序号8的要求提供证书复印件证明。

（5）文化程度填写该人员的最高学历，所学专业、毕业时间，分别填写与最高学历相对应的专业与毕业时间。但特殊领域有专业要求的除外。

（6）“岗位”栏填写该人的第一岗位，如中心主任、经理、质量负责人、××室主任、检验员、档案管理员等。

（7）当一人多职时，在“备注”栏注出该人的其他兼职岗位，如技术负责人、内审员、质量监督员、设备管理员、样品管理员、授权签字人、给出意见和解释人员等。

（8）高层管理者（含技术负责人、质量负责人）、内审员、质量监督员、设备管理员、样品管理员、档案管理员等的岗位，必须在“岗位”或“备注”栏中体现。

（9）当该人为注册安全工程师时，请在“备注”栏注出。

（10）多场所时，应分场所填写。

5.5　附表5　仪器设备设施一览表

（1）仪器设备按5.1.1附表1.1“仪器设备配置表”中所出现的顺序填写，设施按原值由大到小顺序填写。

（2）设备名称、型号规格：填写设备铭牌或设备说明书上所注的名称、型号规格。

（3）唯一性编号：申请机构内部为所拥有的仪器设备设施统一编制的唯一性编号。

（4）数量：填写同一名称、型号规格的设备数。

（5）放置地点：应明确到申请书所提供的平面图所示的房间；涉及多场所时，应明确分场所名称。

（6）“累计”及“合计”仅涉及“数量”栏和“原值”栏。

（7）设备累计数、设施累计数、设备设施原值合计数须与 3.3（3）中信息一致。

（8）5.1.1 附表 1.1 中所出现的设备，均应在本表中列出。

（9）设施是指按 AQ 8006—2010《安全生产检测检验机构能力的通用要求》和应用细则中“5.3 设施和环境条件”的要求而配备的资源。

5.6　附表 6　参加检测能力考核活动表

（1）填写最近 3 年内参加的检测能力考核活动的情况，如参加国家安监总局组织的年度检测能力考核项目，参加其他部门组织开展的检测能力考核活动和检测机构间比对，参加能力验证计划，包括已获认定和未获认定的项目（未获认定项目请在“备注”栏注明）。检测机构之间自行组织的比对试验不作为检测能力考核项目。

（2）所列检测能力考核项目总数须与 3.2 中信息一致。

（3）当参加检测能力考核的检测机构数量较多时，列出 3 家检测机构的名称即可。

（4）“结果”栏应填写满意、有问题、不满意等。

（5）“结果处理状况”栏填写申请时正被暂停（还未被恢复认定）或已被撤销认定资格的项目。

（6）应按本指南附件 1 序号 10 的要求，提供参加的检测能力考核项目的有关资料。

（7）存在多场所时，应分场所填写。

（8）检测检验机构内部组织的人员比对、设备比对试验属于内部质量控制，不应填入本表。

6　随申请书提交的有关资料

按本指南附件 1 的要求，随申请书提供有关资料，同时应注意：

（1）所有资料均须加盖申请机构公章。

（2）对初次、增项和变更的“被检对象”或“项目/参数”，必须按本指南附件 1 序号 10 的要求，提供开展新项目和变更的评审材料目录。

（3）非标准方法包括由知名的技术组织或有关科学书籍和期刊公布的方法、由设备制造商指定的方法、检测检验机构设计（制定）的方法、超出其预定范围使用的标准方法、扩充和修改过的标准方法、客户指定的其他方法等。对非标准方法，申请机构应按照相应文件控制的要求，对非标准检测检验方法履行完整的技术文件验证、确认和审批程序，并保留相应的记录；非标准方法的认定申请必须提交该方法的文本文件、相关验证材料及技术特点的说明材料。

7　申请机构声明

表明申请机构承诺应当履行的义务。

（1）申请机构法定代表人签名：由申请机构的法定代表人签名，姓名必须与企业法人营业执照或事业单位法人证书一致。

（2）申请机构盖章：加盖与封面一致的申请机构公章。

附录

安全生产检测检验机构资质认定

申　请　书

申请机构：________________

申请级别：________________

申请日期：________________

国家安全生产监督管理总局制

说　明

1. 本申请书适用于初次、增项、变更、换证认定的申请。

2. 请按《安全生产检测检验机构资质认定申请指南》填写本申请书及附表。

3. 本申请书除“六、随申请书提交的有关资料”外，其他内容均需要进入“安全生产检测检验机构信息管理系统”中的“资质认定网上申报系统”进行网上申报。

4. 本申请书纸质文本一式二份，签名之处由签名人签字，要字迹清楚。

5. 本申请书须经申请机构法定代表人签名、申请机构盖章方为有效。

6. 国家安全监管总局指定的技术服务机构通讯信息：

名　　称：国家安全生产检测技术中心

联系地址：北京市朝阳区惠新西街17号

邮政编码：100029

电　　话：010-64941131、64941327、64941282

传　　真：010-64812560

电子信箱：gjajzx@gmail.com

一、申请机构概况

<table>
<tr><td>名称</td><td colspan="3"></td></tr>
<tr><td>地址</td><td colspan="3"></td></tr>
<tr><td>邮政编码</td><td></td><td>传真电话</td><td></td></tr>
<tr><td>电子信箱</td><td></td><td>网址</td><td></td></tr>
<tr><td>联系人</td><td></td><td>职务</td><td></td></tr>
<tr><td>固定电话</td><td></td><td>移动电话</td><td></td></tr>
<tr><td>主持工作负责人</td><td></td><td>职务</td><td></td></tr>
<tr><td>固定电话</td><td></td><td>移动电话</td><td></td></tr>
<tr><td>法定代表人</td><td></td><td>职务</td><td></td></tr>
<tr><td>固定电话</td><td></td><td>移动电话</td><td></td></tr>
<tr><td>主管单位（部门）名称</td><td colspan="3"></td></tr>
<tr><td>法人营业执照（证书）编号</td><td></td><td>注册资金（万元）</td><td></td></tr>
<tr><td>初次获得安全生产检测检验机构资质证书号及获得日期</td><td colspan="3"></td></tr>
</table>

二、申请类型及证书状况

□初次

□增项（原证书号：________有效期至：________）

□变更（原证书号：________有效期至：________）

□换证（原证书号：________有效期至：________）

安全生产检测检验机构资质认定申请书　　AQJY401：2011

三、申请机构基本信息

设备设施特点： □固定　□离开固定设施的现场　□临时　□可移动
参加检测能力考核活动情况： 最近3年内参加检测能力考核项目共____项。
人员及设备设施： 申请机构始建于________年，现有在编人员________名，其中专业技术人员________名（高级职称________名，中级职称________名），注册安全工程师________名，仪器设备________台（套），设施________台（套），仪器设备设施原值________万元。
从事与安全生产相关的检测检验工作经历（仅初次申请时）：
管理体系初始运行时间及最新版本管理体系实施日期的说明：
本次申请的技术能力： 申请的检测检验领域： □防爆设备　□电动机　□变压器　□电器　□仪器仪表　□监控系统　□通风设备　□提升设备　□防坠器　□钢丝绳　□排水设备　□压风设备　□运输设备　□勘探开发设备　□储运设施　□井巷设备　□支护设备　□采掘设备　□非金属制品　□金属制品　□电缆　□救护器材　□煤尘爆炸性　□煤自燃倾向性　□煤与瓦斯突出危险性　□危险品鉴定　□常压储罐　□民爆器材　□烟花爆竹　□粉尘　□工作场所物理因素　□工作场所化学因素　□特种劳动防护用品　□其他（请说明）： 申请的检测检验能力范围：被检对象________项 申请的授权签字人：________名

2011年4月1日施行　　第4页共6页

四、申请机构特殊信息

对分包项目的说明（若有请填写）：
对租用设备、设施、场所的说明（若有请填写）：
已取得国家重点实验室或其他检测资质情况说明（若有请填写）：
对多场所情况的说明（若有请填写）：

五、申请书附表

附表 1：申请的检测检验能力范围	共　页
附表 1.1：仪器设备配置表	共　页
附表 1.2：检测检验标准核查表	共　页
附表 1.3：检测检验能力变更申请表（需要时填报）	共　页
附表 2：申请的授权签字人一览表	共　页
附表 2.1：授权签字人申请表	共　份
附表 3：管理体系核查表	共　份
附表 4：在编人员一览表	共　页
附表 5：仪器设备设施一览表	共　页
附表 6：参加检测能力考核活动表	共　页

六、随申请书提交的有关资料

1. 法人营业执照（证书）
2. 组织机构框图
3. 平面图
4. 现行有效的管理手册和程序文件（初次申请时，并提供最近一次内审和管理评审资料）
5. 典型项目的检测检验报告
6. 计量认证合格证书（含附表）
7. 从事与安全生产相关的检测检验工作经历的客观证据（仅初次申请时）
8. 专业技术人员技术职称、注册安全工程师注册证明
9. 技术负责人从事与安全生产相关的检测检验工作经历的客观证据
10. 其他资料（如分包单位资质证明、设备等租用协议、已取得国家重点实验室或其他检测资质证明、开展新项目和变更的评审材料目录、参加检测能力考核活动的相关资料、非标准方法的相关资料等）（若有请提供） □有（共____份） □无

七、申请机构声明

1. 本机构自愿申请安全生产检测检验机构资质认定。
2. 本机构同意遵守国家相关法律、法规和国家安全生产监督管理总局对安全生产检测检验机构的管理规定。
3. 本机构愿意提供资质评审所需的任何信息和资料，并为资质评审工作提供方便。
4. 本机构保证本申请书所填写的信息均真实、准确，并对由此引起的后果负责。

申请机构法定代表人（签名）：____________

日期：____________

申请机构（盖章）

附表 1

申请的检测检验能力范围

场所____________________

地址____________________

序号	被检对象	项目/参数		依据标准编号及名称	限制范围	说明
		序号	名称			

附表 1.1

仪器设备配置表

场所____________________

地址____________________

序号	被检对象	项目/参数		标准条款号/方法条款号	依据标准编号及名称	使用仪器设备/标准物质						备注
		序号	名称			名称	型号规格	唯一性编号	测量范围	扩展不确定度/最大允差/准确度等级	溯源方式	

附表 1.2

检测检验标准核查表

场所____________________

地址____________________

序号	被检对象	依据标准编号及名称	实施日期	核查结论	
				是否现行有效	是否通过计量认证

附表 1.3

检测检验能力变更申请表

场所＿＿＿＿＿＿＿＿＿＿

地址＿＿＿＿＿＿＿＿＿＿

序号	原批准内容						变更的内容						说明
	被检对象	项目/参数		依据标准编号及名称	限制范围	说明	被检对象	项目/参数		依据标准编号及名称	限制范围	说明	
		序号	名称					序号	名称				

附表 2

申请的授权签字人一览表

场所＿＿＿＿＿＿＿＿

地址＿＿＿＿＿＿＿＿

序号	授权签字人姓名	授权签字领域	备注

附表 2.1

授权签字人申请表

<table>
<tr><td>姓名</td><td></td><td>性别</td><td></td><td>出生年月</td><td></td></tr>
<tr><td>毕业院校</td><td></td><td>所学专业</td><td></td><td>毕业时间</td><td></td></tr>
<tr><td>文化程度</td><td></td><td>职称</td><td></td><td>岗位</td><td></td></tr>
<tr><td>电话</td><td></td><td>传真</td><td></td><td>电子信箱</td><td></td></tr>
<tr><td>所在场所
/部门</td><td colspan="5"></td></tr>
<tr><td colspan="2">申请授权签字的领域</td><td colspan="4"></td></tr>
<tr><td>受过何种培训</td><td colspan="5"></td></tr>
<tr><td>工作经历及从事检测检验工作的经历</td><td colspan="5"></td></tr>
<tr><td colspan="6">说明（若申请授权签字的领域有变更，应予以说明）：</td></tr>
<tr><td colspan="6">申请人（签名）：</td></tr>
</table>

附表 3

管理体系核查表

条款	核查内容	对应的管理体系文件名称及章节/条款号	自查结果说明	备注
4 管理要求				
4.1 组织				
4.1.1	安全生产检测检验机构应具有法人资格，能独立、客观、公正地从事安全生产检测检验活动，并对其检测检验结果负责。			
4.1.2	安全生产检测检验机构有责任确保所从事检测检验活动符合本标准的要求，并能满足安全监管监察部门、客户的需求。			
4.1.3	安全生产检测检验机构应有与所从事检测检验活动、资质有效期相适应的固定工作场所，具备正确进行检测检验所需要的并且能独立调配使用的固定或临时或可移动的检测设备、设施。			
4.1.4	安全生产检测检验机构的管理体系应覆盖其在固定设施内、离开其固定设施的场所，或在相关的临时或移动设施中进行的工作。			
4.1.5	如果安全生产检测检验机构还从事安全生产检测检验以外的活动，为识别潜在利益冲突，应规定参与安全生产检测检验活动，或对安全生产检测检验活动有影响的关键人员的职责。			

续表

条款	核查内容	对应的管理体系文件名称及章节/条款号	自查结果说明	备注
4.1.6	安全生产检测检验机构应满足下列要求： a）有与其从事安全生产检测检验活动相适应的管理人员和专业技术人员，他们应具有所需的权力和资源来履行包括实施、保持和改进管理体系的职责，识别对管理体系或检测检验程序的偏离，以及采取措施预防或减少偏离（见 5.2）； b）有措施或制度确保其管理层和员工不受任何来自内外部的不正当的商业、财务和其他对工作质量有不良影响的压力和影响，并防止商业贿赂； c）有保护客户机密信息和所有权的政策和程序，包括电子存储和传输结果的保护程序； d）有政策和程序避免其管理层和员工参与任何会降低其在能力、公正性、判断力或运作诚实性方面的可信度的活动，避免从事与安全生产检测检验活动有关的产品设计、研制、生产、销售、安装、使用、维修等与出具的数据和结果存在利益关系的活动； e）有确定的组织和管理结构，以及明确的质量管理、技术运作和支持服务之间的关系； f）规定对安全生产检测检验质量有影响的所有管理、操作和核查人员的职责、权力和相互关系； g）有安全生产检测检验机构高层管理者及各部门主管的任命文件，高层管理者的变更需报资质认定部门备案，授权签字人的变更需报资质认定部门考核批准； h）有熟悉各项安全生产检测检验方法、程序、目的和结果评价的监督人员，经明确授权，对检测检验人员包括在培训员工、安全生产检测检验的关键环节进行充分监督； i）在高层管理者中指定一名技术负责人，全面负责技术运作和提供确保安全生产检测检验机构运作质量所需的资源； j）在高层管理者中指定一名质量负责人，赋予其能保证管理体系有效运行的责任和权力； k）指定最高管理者、技术负责人、质量负责人等关键管理人员的代理人，并在管理手册中予以规定；			

续表

条款	核查内容	对应的管理体系文件名称及章节/条款号	自查结果说明	备注
	l）确保检测检验人员理解他们活动的相关性和重要性，以及如何为实现管理体系目标做出贡献； m）有程序确保新开展的安全生产检测检验工作符合本标准的要求； n）有措施或制度确保安全生产检测检验活动中人员、仪器设备、设施及被检对象等的安全； o）有措施或制度确保安全监管监察部门下达的指令性安全生产检测检验任务按计划保质保量完成； p）有措施或制度确保检测检验收费公开、透明。			
4.1.7	最高管理者应确保在安全生产检测检验机构内部建立适宜的沟通机制，并确保与管理体系有效性的事宜得到沟通。			
4.2　管理体系				
4.2.1	安全生产检测检验机构应建立、实施和保持与其活动范围相适应的管理体系，应将其政策、制度、计划、程序和指导书形成文件，文件化的程度应保证检测检验结果的质量。体系文件应传达至有关人员，并被其获取、理解和执行。			
4.2.2	安全生产检测检验机构管理体系中与质量有关的政策，包括质量方针声明，应在管理手册（不论如何称谓）中阐明。应制定总体目标并在管理评审时加以评审。质量方针声明应在最高管理者的授权下发布，至少包括下列内容： a）对良好职业行为和为客户提供检测检验服务质量的承诺； b）关于服务标准的声明；			

安全生产检测检验机构资质认定申请书　　　AQJY401：2011

续表

条款	核查内容	对应的管理体系文件名称及章节/条款号	自查结果说明	备注
	c）与质量有关的管理体系的目的； d）所有与安全生产检测检验活动有关的人员熟悉管理体系文件，并在工作中执行政策和程序的要求； e）对遵守本标准及持续改进管理体系有效性的承诺。			
4.2.3	安全生产检测检验机构的最高管理者应提供建立和实施管理体系以及持续改进其有效性承诺的证据。			
4.2.4	最高管理者应将满足安全监管监察部门要求、客户要求和法定要求的重要性传达到安全生产检测检验机构。			
4.2.5	管理手册应包括或指明含技术程序在内的支持性程序，并概述管理体系中所用文件的架构。			
4.2.6	管理手册中应规定技术负责人和质量负责人的作用和责任，包括确保遵守本标准的责任。			
4.2.7	当策划和实施管理体系的变更时，最高管理者应确保保持管理体系的完整性。			
4.3　文件控制				
4.3.1	总则 安全生产检测检验机构应建立并保持文件编制、审核、批准、标识、发放、保管、修订和废止等的控制程序，以控制构成其管理体系的所有文件（内部制定或来自外部的），诸如法律法规、标准、其他规范化文件、检测检验方法，以及图纸、软件、规范、指导书和手册（有关记录的控制在4.13中规定；检测检验数据的控制在5.4.7中规定）。			

2011年4月1日施行　　　第　页共　页

续表

条款	核查内容	对应的管理体系文件名称及章节/条款号	自查结果说明	备注
4.3.2	文件的批准和发布			
4.3.2.1	发给检测检验人员的所有管理体系文件，在发布之前应由授权人员审查并批准使用。应建立识别管理体系中文件当前的修订状态和分发的控制清单或等效的文件控制程序，并使之易于获取，以防止使用无效和（或）作废的文件。			
4.3.2.2	文件控制程序应确保： a）在对安全生产检测检验机构有效运作起重要作用的所有工作场所都能得到相应文件的授权版本； b）定期审查文件，包括法律法规、标准与规范，必要时进行修订或更新，以确保其现行有效和持续适用并满足使用要求； c）及时地从所有使用或发布处撤除无效或作废文件，或用其他方法保证防止误用； d）出于法律或知识保存目的而保留的作废文件，应有适当的标记。			
4.3.2.3	安全生产检测检验机构制定的管理体系文件应有唯一性标识。该标识应包括发布日期和（或）修订标识、页码、总页数或表示文件结束的标记和发布机构。			
4.3.3	文件变更			
4.3.3.1	除非另有特别指定，文件的变更应由原审查责任人进行审查和批准。被特别指定的人员应获得进行审查和批准所依据的有关背景资料。			
4.3.3.2	更改的或新的内容应在文件或适当的附件中标明。			

续表

条款	核查内容	对应的管理体系文件名称及章节/条款号	自查结果说明	备注
4.3.3.3	如果安全生产检测检验机构的文件控制系统允许在文件再版之前对文件进行手写修改，则应确定修改的程序和权限。修改之处应有清晰的标注、签名缩写并注明日期。修订的文件应尽快地正式发布。			
4.3.3.4	应制定程序来描述如何更改和控制保存在计算机系统中的文件。			
4.4 要求、标书和合同的评审				
4.4.1	安全生产检测检验机构应建立和保持对客户要求、标书和合同的评审程序。这些为签订检测检验合同而进行评审的政策和程序应确保： a）对包括所用检测检验方法在内的要求予以充分规定，形成文件，并易于理解（见5.4.2）； b）安全生产检测检验机构有能力和资源满足这些要求； c）选择适当的、能满足客户要求的检测检验方法（见5.4.2）。 客户的要求或标书与合同之间的任何差异，应在工作开始之前得到解决。每项合同应得到安全生产检测检验机构和客户双方的接受。			
4.4.2	应保存包括任何重大变化在内的评审记录。在执行合同期间，就客户的要求或工作结果与客户进行讨论的有关记录，也应予以保存。 对例行和其他简单任务的评审，由安全生产检测检验机构中负责合同工作的人员注明日期并加以标识（如签名缩写）即可。对于重复性的例行工作，如果客户要求不变，仅需在初期调查阶段，或在与客户的总协议下对持续进行的例行工作合同批准时进行评审。对于新的、复杂的检测检验任务，则应当保存更为全面的记录。			

续表

条款	核查内容	对应的管理体系文件名称及章节/条款号	自查结果说明	备注
4.4.3	评审的内容应包括被安全生产检测检验机构分包出去的任何工作。			
4.4.4	对合同的任何偏离均应书面通知客户，得到客户书面认可，并保存记录。			
4.4.5	工作开始后如果需要修改合同，应重复进行同样的合同评审过程，并将所有修改内容通知所有受到影响的人员。			
4.5　检测检验的分包				
4.5.1	安全生产检测检验机构由于未预料的原因（如需要更多专业技术或暂时不具备能力）或持续性的原因（如通过长期分包或特殊协议）需将工作分包时，应分包给符合本标准相关要求、具有检测检验资质、有能力完成分包任务的检测检验机构。分包仅限特殊项目和所需仪器设备使用频次较低、价格昂贵的项目，安全生产检测检验机构不能因工作量大而分包，其中关键安全性能项目不允许分包。乙级机构不允许分包。分包的项目不作为资质认定的能力范围。			
4.5.2	安全生产检测检验机构应将分包安排以书面形式通知客户，并得到客户的书面同意。			
4.5.3	安全生产检测检验机构应就分包方的工作对客户负责，由客户指定的分包方除外。			
4.5.4	安全生产检测检验机构应保存所有分包方的登记表，并保存其有关工作符合相关标准的证明记录。			
4.6　服务和供应品的采购				
4.6.1	安全生产检测检验机构应有选择和购买对检测检验质量有影响的服务和供应品的政策和程序。还应有与检测检验有关的试剂和消耗材料的购买、接收和存储的程序。			

续表

条款	核查内容	对应的管理体系文件名称及章节/条款号	自查结果说明	备注
4.6.2	安全生产检测检验机构应确保所购买的、影响检测检验质量的供应品、试剂和消耗材料，只有在经过检验或以其他方式验证符合有关检测检验方法中规定的标准规范或要求之后才投入使用。所使用的服务和供应品应符合规定的要求。应保存所采取的符合性检查活动的记录。			
4.6.3	影响检测检验质量的物品的采购文件，应包含描述所购服务和供应品的信息。这些采购文件在发出之前，其技术内容应经过审查和批准。			
4.6.4	安全生产检测检验机构应对影响检测检验质量的重要消耗品、供应品和服务的供应商进行评价，并保存这些评价的记录和获批准的供应商名单。			
4.7　服务客户				
4.7.1	在确保为其他客户保密的前提下，安全生产检测检验机构在明确客户要求和允许客户监视其相关工作表现方面应积极与客户或其代表合作。 这种合作可包括： a）允许客户或其代表合理进入安全生产检测检验机构的相关区域直接观察为其进行的检测检验； b）客户出于验证目的所需的检测检验物品的准备、包装和发送。 安全生产检测检验机构在整个工作过程中，应当与客户尤其是大宗业务的客户保持沟通，应当将检测检验过程中的任何延误或主要偏离书面通知客户，并保存记录。			
4.7.2	安全生产检测检验机构应向客户征求反馈，无论是正面的还是负面的。应分析和利用这些反馈，以改进管理体系、检测检验活动及客户服务。反馈类型可包括客户满意度调查、与客户一起评价检测检验报告等			

续表

条款	核查内容	对应的管理体系文件名称及章节/条款号	自查结果说明	备注
4.7.3	安全生产检测检验机构发现在用被检设施、仪器设备、材料、产品，以及作业场所等存在重大事故隐患时，应立即告知检测检验委托方，并及时向当地安全监管监察部门报告。			
4.7.4	安全生产检测检验机构间应进行沟通与交流，参与标准化活动，以改进检测检验活动及客户服务。			
4.8　申诉与投诉				
4.8	安全生产检测检验机构应有政策和程序处理来自客户或其他方面的申诉与投诉。应保存所有申诉与投诉的记录以及安全生产检测检验机构针对申诉与投诉所开展的调查和纠正措施的记录（见 4.11）。			
4.9　不符合工作的控制				
4.9.1	在安全生产检测检验工作的任何方面，或该工作的结果不符合其程序或与客户达成一致的要求时，安全生产检测检验机构应实施既定的政策和程序。该政策和程序应确保： a）确定对不符合工作进行管理的责任和权力，规定当识别出不符合工作时所采取的措施（包括必要时暂停工作、扣发检测检验报告）； b）对不符合工作的严重性进行评价； c）立即进行纠正，同时对不符合工作的可接受性做出决定； d）必要时，通知客户并取消工作； e）规定批准恢复工作的职责； f）保留完整记录。 对管理体系或检测检验活动的不符合工作或问题的识别，可能发生在管理体系和技术运作的各个环节，例如客户申诉与投诉、质量控制、仪器检定/校准、消耗材料的核查、对员工的考查或监督、检测检验报告的核查、管理评审和内部或外部审核。			

续表

条款	核查内容	对应的管理体系文件名称及章节/条款号	自查结果说明	备注
4.9.2	当评价表明不符合工作可能再度发生，或对安全生产检测检验机构的运作与其政策和程序的符合性产生怀疑时，应立即执行 4.11 中规定的纠正措施程序。			
4.10　改进				
4.10	安全生产检测检验机构应通过利用质量方针、质量目标、审核结果、数据分析、纠正措施、预防措施和管理评审来持续改进管理体系的有效性。			
4.11　纠正措施				
4.11.1	总则 安全生产检测检验机构应制定纠正措施的政策和程序，并应指定合适的人员，在识别出不符合工作或对管理体系或技术运作政策和程序有偏离时实施纠正措施。 安全生产检测检验机构管理体系或技术运作中的问题可以通过不符合工作的控制、内部或外部审核、管理评审、客户的反馈或员工的观察等各种活动来识别。			
4.11.2	原因分析 纠正措施程序应从确定问题根本原因的调查开始。确定问题根本原因应仔细分析产生问题的所有潜在原因，潜在原因可包括：客户要求、样品、样品规格、方法和程序、员工的技能和培训、消耗品、仪器设备及其检定/校准等。			
4.11.3	纠正措施的选择和实施 需要采取纠正措施时，安全生产检测检验机构应对可能采取的各项纠正措施进行识别，并选择和实施最可能消除问题和防止问题再次发生的措施。 纠正措施应与问题的严重程度和风险大小相适应。 安全生产检测检验机构应将由纠正措施而提出的任何变更制定成文件并加以实施。			

续表

条款	核查内容	对应的管理体系文件名称及章节/条款号	自查结果说明	备注
4.11.4	纠正措施的监控 安全生产检测检验机构应对纠正措施的结果进行监控，以确保所采取的纠正措施有效。			
4.11.5	附加审核 当对不符合或偏离的识别导致对安全生产检测检验机构符合其政策和程序或符合本标准产生怀疑时，安全生产检测检验机构应尽快依据4.14的规定对相关活动区域进行审核。			
4.12 预防措施				
4.12.1	应识别技术方面和管理体系方面所需的改进和潜在不符合的原因。当识别出改进机会或需采取预防措施时，应制定措施计划并加以实施和监控，以减少这类不符合情况发生的可能性并改进。			
4.12.2	预防措施程序应包括措施的启动和控制，以确保其有效性。除对运作程序进行评审之外，预防措施还可能涉及数据分析，包括趋势和风险分析以及能力验证结果。			
4.13 记录的控制				
4.13.1	总则			
4.13.1.1	安全生产检测检验机构应建立和保持适合自身具体情况的编制、填写、更改、识别、收集、检索、存取、存档、存放、维护和清理质量记录和技术记录的程序。质量记录应包括内部审核报告、管理评审报告、纠正措施和预防措施的记录等。			
4.13.1.2	所有记录应清晰明了，并以便于存取的方式存放和保存在具有防止损坏、变质、丢失的适宜环境的设施中。应规定记录的保存期。			

续表

条款	核查内容	对应的管理体系文件名称及章节/条款号	自查结果说明	备注
4.13.1.3	所有记录应予安全保护和保密。			
4.13.1.4	安全生产检测检验机构应有程序来保护和备份以电子形式存储的记录，并防止未经授权的侵入或修改。			
4.13.2	技术记录			
4.13.2.1	安全生产检测检验机构应将原始观察、导出数据和建立审核路径的充分信息的记录、检定/校准记录、员工记录以及发出的每份检测检验报告的副本（硬拷贝）按规定的时间保存。记录的保存期应与安全生产的需求或客户的要求相适应。每项检测检验的记录应包含充分的信息，以便在可能时识别不确定度的影响因素，并确保该检测检验活动在尽可能接近原条件的情况下能够复现。 记录应包括负责抽样的人员、每项检测检验的操作人员和结果校核人员的标识。			
4.13.2.2	观察结果、数据和计算应在产生的当时予以记录，并能按照特定任务分类识别。			
4.13.2.3	当记录中出现错误时，每一错误应划改，不可擦涂掉，以免字迹模糊或消失，并将正确值填写在其旁边。对记录的所有改动应有改动人的签名。对电子存储的记录也应采取同等措施，以避免原始数据的丢失或改动。			
4.14 内部审核				
4.14.1	安全生产检测检验机构应根据预定的日程表和程序，定期地对其活动进行内部审核，以验证其运作持续符合管理体系和本标准的要求。内部审核计划应涉及管理体系的全部要素，包括所有检测检验活动。质量负责人负责按照日程表的要求和管理层的需要策划和组织内部审核。审核应由经过培训、具备资格并获得授权的人员来执行，审核人员应独立于被审核的活动。内部审核的周期通常为一年。			

续表

条款	核查内容	对应的管理体系文件名称及章节/条款号	自查结果说明	备注
4.14.2	当审核中发现的问题导致对运作的有效性，或对检测检验结果的正确性或有效性产生怀疑时，安全生产检测检验机构应及时采取纠正措施。如果调查表明安全生产检测检验机构的结果可能已受影响，应书面通知客户。			
4.14.3	审核活动的领域、审核发现的情况和因此采取的纠正措施，应予以记录。			
4.14.4	跟踪审核活动应验证和记录纠正措施的实施情况及有效性。			
4.15　管理评审				
4.15.1	安全生产检测检验机构的最高管理者应根据预定的日程表和程序，定期地对安全生产检测检验机构的管理体系和检测检验活动进行评审，以确保其持续适用和有效，并进行必要的变更或改进。评审应考虑到： a）政策和程序的适用性； b）管理和监督人员的报告 c）近期内部审核的结果； d）纠正措施和预防措施； e）由外部机构进行的评审； f）检测机构间比对或能力验证的结果； g）工作量和工作类型的变化； h）客户反馈； i）申诉与投诉； j）改进的建议； k）日常管理会议中有关议题的研究； l）其他相关因素，如质量控制活动、资源以及员工培训。			

续表

条款	核查内容	对应的管理体系文件名称及章节/条款号	自查结果说明	备注
	评审结果应输入安全生产检测检验机构策划系统，并包括下年度的目的、目标和活动计划。 管理评审的典型周期为12个月。内部审核发现的不符合对管理体系的有效性产生怀疑时，应及时进行管理评审。			
4.15.2	应记录管理评审中的发现和由此采取的措施。管理者应确保这些措施在适当和约定的时限内得到实施。			
5　技术要求				
5.1　总则				
5.1.1	决定安全生产检测检验机构检测检验的正确性和可靠性的因素主要包括： a）人员（5.2）； b）设施和环境条件（5.3）； c）检测检验方法及方法的确认（5.4）； d）仪器设备（5.5）； e）测量溯源性（5.6）； f）抽样（5.7）； g）检测检验物品（样品）的处置（5.8）。			
5.1.2	上述因素对总的测量不确定度的影响程度，在（各类）检测检验之间明显不同。安全生产检测检验机构在制定检测检验的方法和程序、培训和考核人员、选择和检定/校准所用仪器设备时，应考虑到这些因素。			

续表

条款	核查内容	对应的管理体系文件名称及章节/条款号	自查结果说明	备注
5.2　人员				
5.2.1	安全生产检测检验机构应确保所有操作专门仪器设备、从事检测检验、评价结果、授权签字的人员的能力。当使用在培员工时，应对其安排适当的监督。安全生产检测检验机构应授权专门人员进行特定类型的抽样、检测检验、签发检测检验报告、提出意见和解释、质量监督、内部审核以及操作特定类型的仪器设备，应按要求根据相应的教育、培训、经验和（或）可证明的技能进行资格确认。某些技术领域（如无损检测）可能要求从事某些工作的人员持有资格证书，安全生产检测检验机构有责任满足规定的人员资格要求。			
5.2.2	安全生产检测检验机构人员数量应与所开展的检测检验活动相适应。甲级机构专业技术人员应不低于在编人员总数的70%，其中中级以上技术职称、注册安全工程师和高级技术职称人员分别不低于在编人员总数的40%、15%和15%。乙级机构专业技术人员应不低于在编人员总数的60%，其中中级以上技术职称人员和注册安全工程师分别不低于在编人员总数的30%和10%。			
5.2.3	甲级机构主持工作的负责人、技术负责人、质量负责人应具有与所从事业务相适应的高级技术职称，技术负责人应有5年以上与安全生产相关的检测检验工作经历；乙级机构主持工作的负责人、技术负责人、质量负责人应具有与所从事业务相适应的中级以上技术职称或者注册安全工程师资格，技术负责人应有3年以上与安全生产相关的检测检验工作经历。			

续表

条款	核查内容	对应的管理体系文件名称及章节/条款号	自查结果说明	备注
5.2.4	授权签字人应具备以下条件： a）具有中级以上相关专业技术职称； b）具有3年以上与其授权签字能力范围相关的检测检验经历； c）具有相应的职责和权利，能对检测检验结果的完整性和准确性负责； d）与检测检验技术接触紧密，掌握有关的检测检验项目限制范围； e）熟悉有关检测检验标准、方法及规程； f）有能力对相关检测检验结果进行评定，了解测量结果的不确定度； g）十分熟悉记录、报告及其核查程序； h）熟悉资质管理相关标准、规则和认定条件，特别是安全生产检测检验机构义务以及带有资质认定标志的检测检验报告或证书的使用规定，了解安全监管监察部门对安全生产检测检验机构的管理要求。			
5.2.5	对检测检验报告所含意见和解释负责的人员，除了具备相应的资格、培训、经验以及所进行的检测检验方面的充分知识外，还需具有： a）制造被检设备、产品、材料等所用的相关技术知识、已使用或拟使用方法的知识、在使用过程中可能出现的缺陷或降级等方面的知识； b）法规和标准中阐明的通用要求的知识； c）对相关设备、产品和材料等非正常使用时所产生影响程度的了解。			

续表

条款	核查内容	对应的管理体系文件名称及章节/条款号	自查结果说明	备注
5.2.6	检测检验人员应当熟悉安全生产法律法规、规章、标准和有关规定，具备安全生产检测检验工作所需要的专业知识和能力，经过专业培训和考核，并应当只在一个安全生产检测检验机构中从事检测检验工作。检测检验人员未经培训或者考核不合格的，不得从事检测检验工作。安全生产检测检验机构应制定包括安全教育在内的检测检验人员的教育、培训和技能目标，应有确定培训需求和提供人员培训的政策和程序，培训计划应充分考虑安全生产检测检验机构当前和预期的任务，并应评价这些培训活动的有效性。			
5.2.7	安全生产检测检验机构应使用长期雇佣人员或签约人员（均视为在编人员）。在使用签约人员及其他技术人员及关键支持人员时，安全生产检测检验机构应确保这些人员胜任工作且受到监督，并按照安全生产检测检验机构管理体系要求工作。			
5.2.8	安全生产检测检验机构应保留与检测检验有关的管理人员、技术人员和关键支持人员的岗位描述。岗位描述至少应规定以下内容： a）从事检测检验工作方面的职责； b）检测检验策划和结果评价方面的职责； c）提交意见和解释的职责； d）方法改进、新方法制定和确认方面的职责； e）所需的专业知识和经验； f）资格和培训计划； g）管理职责。			

续表

条款	核查内容	对应的管理体系文件名称及章节/条款号	自查结果说明	备注
5.2.9	安全生产检测检验机构应保留所有在编人员的相关授权、能力、教育和专业资格、培训、技能和经验的记录，并包含授权和（或）能力确认的日期。这些信息应易于获取。			
5.2.10	安全生产检测检验机构应为其检测检验人员提供行为指导。			
5.3　设施和环境条件				
5.3.1	用于检测检验的设施，包括能源、照明和环境条件等，应有利于检测检验的正确实施。安全生产检测检验机构应确保其环境条件不会使检测检验结果无效，或对所要求的检测质量产生不良影响。在安全生产检测检验机构固定设施以外的场所进行抽样、检测检验时，应予以特别注意。 对影响检测检验结果的设施和环境条件的技术要求应制定成文件。			
5.3.2	相关的规范、方法和程序有要求，或对结果的质量有影响时，安全生产检测检验机构应监测、控制和记录环境条件。对诸如生物消毒、灰尘、电磁干扰、辐射、湿度、供电、温度、声级和振级等应予以重视，使其适应于相关的技术活动。当环境条件危及到检测检验的结果时，应停止检测检验。			
5.3.3	应将不相容活动的相邻区域进行有效隔离，应采取措施以防止交叉污染。应对影响检测检验质量的区域、涉及安全的区域的进入和使用加以控制，并根据其特定情况确定控制的程度并正确标识。应采取措施确保安全生产检测检验机构的良好内务，必要时应制定专门的程序。			

续表

条款	核查内容	对应的管理体系文件名称及章节/条款号	自查结果说明	备注
5.3.4	应建立并保持安全作业的管理程序，确保危险化学品、有毒化学品、有害生物、电离辐射、高温、高电压、撞击以及水、气、火、电等危及安全的因素和环境得以有效控制，并有相应的应急处理措施，如配置停电、停水、防火等应急的安全设施，进行现场检测检验时尤其应该注意。			
5.3.5	应建立并保持环境保护程序，具备相应的设施设备，确保检测检验活动所产生的废气、废液、粉尘、噪声、固体废物等的处理符合环境和健康的要求，并有相应的应急处理措施。			
5.4 检测检验方法及方法的确认				
5.4.1	总则 安全生产检测检验机构应使用适合的方法和程序进行所有检测检验，包括被检对象的抽样、处理、运输、储存和准备，适当时，还应包括测量不确定度的评定、分析检测检验数据的统计技术。 如果缺少指导书可能影响检测检验结果，安全生产检测检验机构应具有所有相关仪器设备的使用和操作指导书和（或）处置、准备检测检验样品的指导书。如果国家、行业、地方、国际或区域的标准，或其他公认的规范已包含了如何进行检测检验的充分信息，并且这些标准是以可以被安全生产检测检验机构操作人员使用的方式书写时，则不需再进行补充或改写为内部作业文件。对方法中的可选择步骤或其他细节，可能有必要提供附加文件。所有与安全生产检测检验机构工作有关的指导书、标准、手册和参考资料应保持现行有效并易于员工取阅（见 4.3）。 对检测检验方法的偏离，仪应在该偏离已被文件规定、经相关技术单位验证其可靠性、由安全生产检测检验机构技术负责人批准和客户接受的情况下才允许发生。			

续表

条款	核查内容	对应的管理体系文件名称及章节/条款号	自查结果说明	备注
5.4.2	方法的选择 安全生产检测检验机构应采用满足客户需求并适用于所进行的检测检验的方法，包括抽样的方法。应优先使用与安全生产检测检验相关的国家、行业、地方标准规定的方法。安全生产检测检验机构应确保使用标准的最新有效版本，除非该版本不适宜或不可能使用。必要时，应采用附加细则对标准加以补充，以确保应用的一致性。 当客户未指定所用方法时，安全生产检测检验机构应从与安全生产检测检验相关的国家、行业、地方标准规定的方法中选择合适的方法。安全生产检测检验机构自定的方法如能满足预期用途并经过确认，也可使用。所选用的方法应经技术负责人确认并通知客户。在进行检测检验之前，安全生产检测检验机构应证实其能正确地运用这些标准方法。如果标准方法发生了变化，应重新进行证实。 当认为客户建议的方法不适合或已过期时，安全生产检测检验机构应通知客户。 国际或区域标准发布的方法、安全生产检测检验机构自定的方法、非标准方法，仅限在特定客户的检测检验中使用。			
5.4.3	安全生产检测检验机构自定的方法 安全生产检测检验机构应指定具有足够资源的有资格的人员按计划自行制定检测检验方法，以满足其应用。 计划应随检测检验方法制定的进度加以更新，并确保所有有关人员之间的有效沟通。			
5.4.4	非标准方法 当有必要使用标准方法中未包含的方法时，应征得客户的同意，理解客户的要求、明确检测检验的目的。所制定的方法在使用前应经适当的确认。			

续表

条款	核查内容	对应的管理体系文件名称及章节/条款号	自查结果说明	备注
5.4.5	方法的确认			
5.4.5.1	安全生产检测检验机构应对非标准方法（安全生产检测检验机构自定的方法、超出其预定范围使用的标准方法、扩充和修改过的标准方法）进行确认，以证实该方法适用于预期的用途。确认应尽可能全面，以满足预定用途或应用领域的需要。安全生产检测检验机构应记录所获得的结果、使用的确认程序以及该方法是否适合预期用途的声明。 确认可包括对抽样、处置和运输程序的确认。 用于确定某方法性能的技术应当是下列之一，或是其组合： a）使用参考标准或标准物质进行校准； b）与其他方法所得的结果进行比较； c）检测机构间比对； d）对影响结果的因素作系统性评审； e）根据对方法的理论原理和实践经验的科学理解，对所得结果不确定度进行的评定。 当对已确认的非标准方法作某些改动时，应当将这些改动的影响制定成文件，适当时应当重新进行确认。			
5.4.5.2	按照预期用途对确认方法进行评价时，方法所得值的范围和准确度应适应客户的需求。			
5.4.6	测量不确定度的评定			
5.4.6.1	进行自校准的安全生产检测检验机构应具有并应用评定测量不确定度的程序，用以评定所有的校准和各种校准类型的测量不确定度。			

续表

条款	核查内容	对应的管理体系文件名称及章节/条款号	自查结果说明	备注
5.4.6.2	安全生产检测检验机构应具有并应用评定测量不确定度的程序。某些情况下，检测检验方法的性质会妨碍对测量不确定度进行严密的计量学和统计学上的有效计算。这种情况下，安全生产检测检验机构至少应努力找出不确定度的所有分量且做出合理评定，并确保结果的报告方式不会对不确定度造成错觉。合理的评定应依据对方法特性的理解和测量范围，并利用诸如过去的经验和确认的数据。 某些情况下，公认的检测检验方法规定了测量不确定度主要来源的值的极限和计算结果的表示方式时，安全生产检测检验机构应遵守该检测检验方法和报告的说明（5.10）。			
5.4.6.3	不确定度的来源包括所用的参考标准和标准物质、方法和仪器设备、环境条件、被检对象的性能和状态以及操作人员等。在评定测量不确定度时，对给定情况下的所有重要不确定度分量，均应采用适当的分析方法加以考虑。			
5.4.7	数据控制			
5.4.7.1	应对计算和数据传输进行系统和适当的检查。			
5.4.7.2	当利用计算机或自动仪器设备对检测检验数据进行采集、处理、记录、报告、存储或检索时，安全生产检测检验机构应确保： a）由安全生产检测检验机构开发的计算机软件应被制定成足够详细的文件，并对其适用性进行适当确认并记录，通用的商业现成软件（如文字处理、数据库和统计程序），在其设计的应用范围内可认为是经充分确认的，但安全生产检测检验机构对软件进行了配置或调整时，则应当进行确认并记录；			

续表

条款	核查内容	对应的管理体系文件名称及章节/条款号	自查结果说明	备注
	b）建立并实施数据保护的程序。这些程序应包括数据输入或采集、数据存储、数据传输和数据处理的完整性和保密性等； c）维护计算机和自动仪器设备以确保其功能正常，并提供保护检测检验数据完整性所必需的环境和运行条件			
5.5 仪器设备				
5.5.1	安全生产检测检验机构应配备正确进行检测检验（包括抽样、样品制备、数据处理与分析）所要求的所有抽样、测量和检测检验仪器设备（包括软件）及标准物质，并对所有仪器设备进行正常维护。 安全生产检测检验机构应有检查在用检测检验仪器设备技术指标的程序。在用仪器设备的完好率应为100%。 安全生产检测检验机构如果要使用永久控制之外的仪器设备（如租用、使用客户的仪器设备），仅限于某些使用频次低、价格昂贵或特定的仪器设备，且应确保满足本标准的要求。使用客户的仪器设备仅限于现场检测检验中不可携带的大型仪器设备。			
5.5.2	用于检测检验和抽样的仪器设备及其软件应达到要求的准确度，并符合检测检验相应的规范要求。未经定型的专用检测检验仪器设备需提供相关技术单位的验证证明。对检测检验结果有影响的仪器设备的关键量或值，应制定检定/校准计划。仪器设备（包括用于抽样的仪器设备）在投入使用前应进行检定/校准或核查，以证实其能满足安全生产检测检验机构的规范要求和相应的标准规范。仪器设备在使用前应进行核查和（或）校准（见5.6）。			

续表

条款	核查内容	对应的管理体系文件名称及章节/条款号	自查结果说明	备注
5.5.3	仪器设备应由经过授权的人员操作。仪器设备使用和维护的最新版说明书（包括仪器设备制造商提供的有关手册）应便于有关人员取用。			
5.5.4	用于检测检验并对结果有影响的每一仪器设备及其软件，如可能，均应加以唯一性标识。			
5.5.5	应保存对检测检验具有重要影响的每一仪器设备及其软件的档案。该档案至少应包括： a）仪器设备及其软件的名称； b）制造商名称、型式标识、系列号或其他唯一性标识； c）对仪器设备是否符合规范的核查记录（见 5.5.2）； d）当前的位置（如果适用）； e）制造商的说明书（如果有），或指明其地点； f）所有检定/校准报告或证书； g）仪器设备维护计划（适当时），以及已进行的维护和使用记录； h）仪器设备的任何损坏、故障、改装或修理记录； i）仪器设备接收和启用日期。			
5.5.6	安全生产检测检验机构应具有购置、验收、安全处置、运输、存放、使用和有计划维护测量仪器设备的程序，以确保其功能正常并防止污染或性能退化。在安全生产检测检验机构固定设施以外的场所使用测量仪器设备进行检测检验或抽样时，应制定附加的控制程序。			

续表

条款	核查内容	对应的管理体系文件名称及章节/条款号	自查结果说明	备注
5.5.7	曾经过载或处置不当、给出可疑结果，或已显示出缺陷、超出规定限度的仪器设备，均应停止使用，并应予以隔离以防误用，或加贴标签、标记，以清晰表明该仪器设备已停用，直至修复并通过检定/校准或测试表明能正常工作为止。安全生产检测检验机构应核查这些缺陷或偏离规定极限对过去进行的检测检验所造成的影响，并执行“不符合工作控制”程序（见 4.9）。			
5.5.8	安全生产检测检验机构控制下的需检定/校准的所有仪器设备（包括标准物质），只要可行，应使用标签、编码或其他标识表明其检定/校准状态，包括上次检定/校准的日期、再检定/校准或失效日期。标识分为“合格”、“准用”、“停用”三种，分别以绿、黄、红三种颜色表示。黄色标签上应注明该仪器设备准用或限用的范围。			
5.5.9	无论什么原因，若仪器设备脱离了安全生产检测检验机构的直接控制，安全生产检测检验机构应确保该仪器设备返回后，在使用前对其功能和检定/校准状态进行核查并能显示满意结果。			
5.5.10	当需要利用期间核查以保持仪器设备检定/校准状态的可信度时，应按照规定的程序进行			
5.5.11	当校准产生了一组修正因子时，安全生产检测检验机构应有程序确保其所有备份（例如计算机软件中的备份）得到正确更新，并确保其得到正确应用。			
5.5.12	检测检验仪器设备包括硬件和软件应得到保护，以避免发生致使检测检验结果失效的调整。			

续表

条款	核查内容	对应的管理体系文件名称及章节/条款号	自查结果说明	备注
5.6 量溯源性				
5.6.1	总则 用于检测检验的对检测检验和抽样结果的准确性或有效性有影响的仪器设备，包括辅助测量仪器设备（例如用于测量环境条件的仪器设备），在投入使用前应进行检定/校准。安全生产检测检验机构应制定仪器设备检定/校准的计划和程序，该程序应当包含对测量标准、用作测量标准的标准物质以及用于检测检验的测量与检测检验仪器设备进行选择、使用、检定/校准、核查、控制和维护的系统。			
5.6.2	溯源			
5.6.2.1	仪器设备检定/校准计划的制定和实施应确保安全生产检测检验机构所进行的检测检验结果能溯源到国家基准，应绘制能溯源到国家计量基准的量值溯源图。			
5.6.2.2	检测检验结果无法溯源到国家基准的，安全生产检测检验机构应提供检测检验结果相关性或准确性的满意证据，如设备比对、检测机构间比对、能力验证结果等。			
5.6.3	参考标准和标准物质			
5.6.3.1	参考标准 安全生产检测检验机构应有参考标准的检定/校准计划和程序。参考标准应由能提供溯源的机构进行检定/校准。参考标准在任何调整之前和之后均应检定/校准。安全生产检测检验机构持有的测量参考标准应仅用于校准而不用于其他目的，除非能证明作为参考标准的性能不会失效。			

续表

条款	核查内容	对应的管理体系文件名称及章节/条款号	自查结果说明	备注
5.6.3.2	标准物质 可能时，安全生产检测检验机构应使用有证标准物质。只要技术和经济条件允许，应对内部标准物质进行核查。			
5.6.3.3	期间核查 应根据规定的程序和日程对参考标准和标准物质进行核查，以保持其检定/校准状态的置信度。			
5.6.3.4	运输和储存 安全生产检测检验机构应有程序来安全处置、运输、存储和使用参考标准和标准物质，以防止污染或损坏，确保其完整性。当参考标准和标准物质用于安全生产检测检验机构固定设施以外的场所进行检测检验或抽样时，应制定附加的控制程序。			
5.7 抽样				
5.7.1	安全生产检测检验机构为后续检测检验而对物质、材料或产品进行抽样时，应有用于抽样的抽样方案和程序。抽样方案和程序在抽样的地点应能够得到。只要合理，抽样方案应根据适当的统计方法制定，并符合安全生产检测检验的相关标准、规范。应有抽（封）样工具，抽样过程应注意需要控制的因素，以确保检测检验结果的有效性。 抽样程序应当对取自某个物质、材料或产品的一个或多个样品的选择、抽样方案、提取和制备进行描述，以提供所需的信息。			
5.7.2	当客户对文件规定的抽样程序有偏离、添加或删节的要求时，应详细记录这些要求和相关抽样信息，并纳入包含检测检验结果的所有文件中，同时告知相关人员。			

续表

条款	核查内容	对应的管理体系文件名称及章节/条款号	自查结果说明	备注
5.7.3	当抽样作为检测检验工作的一部分时，安全生产检测检验机构应有程序记录与抽样有关的资料和操作。这些记录应包括所用的抽样程序、抽样人的识别、环境条件（如果相关）、必要时有抽样位置的图示或其他等效方法，如果合适，还应包括抽样程序所依据的统计方法。			
5.8　检测检验物品（样品）的处置				
5.8.1	安全生产检测检验机构应有用于检测检验物品的运输、接收、处置、保护、储存、保留和（或）清理的程序，包括为保护检测检验物品的完整性以及安全生产检测检验机构与客户利益所需的全部条款。安全生产检测检验机构应有经授权的专职或兼职人员管理检测检验物品。应有分区明确的物品存放场所。			
5.8.2	安全生产检测检验机构应具有检测检验物品的标识系统。物品在安全生产检测检验机构的整个期间应保留该标识。标识系统的设计和使用应确保物品不会在实物上或在涉及的记录和其他文件中混淆。如果合适，标识系统应包含物品群组的细分和物品在安全生产检测检验机构内外部的传递。			
5.8.3	在接收检测检验物品时，应记录物品的状态特征、异常情况或与检测检验方法中所述正常（或规定）条件的偏离。当对物品是否适合于检测检验存有疑问，或当物品不符合所提供的描述，或对所要求的检测检验规定得不够详尽时，安全生产检测检验机构应在开始工作之前问询客户，以得到进一步的说明，并记录讨论的内容。			

续表

条款	核查内容	对应的管理体系文件名称及章节/条款号	自查结果说明	备注
5.8.4	安全生产检测检验机构应有程序和适当的设施避免检测检验物品在储存、处置和准备过程中发生退化、丢失或损坏。应遵守随物品提供的处理说明。当物品需要被存放或在规定的环境条件下养护时，应保持、监控和记录这些条件。当一个检测检验物品或其一部分需要安全保护时，安全生产检测检验机构应对存放和安全做出安排，以保护该物品或其有关部分的状态和完整性。安全生产检测检验机构应保存物品的流转记录。 在检测检验之后需要重新投入使用的被检物品，需特别注意确保物品在处置、检测检验或储存或等待过程中不被破坏或损伤。 应当向负责抽样和运输样品的人员提供抽样程序，及有关样品储存和运输的信息，包括影响检测检验结果的抽样信息。			
5.9	检测检验结果质量的保证			
5.9.1	安全生产检测检验机构应有质量控制程序以监控检测检验的有效性。所得数据的记录方式应便于发现其发展趋势，如可行，应采用统计技术对结果进行审查。这种监控应有计划并加以评审，可包括（但不限于）下列内容： a）定期使用有证标准物质进行监控，和（或）使用次级标准物质开展内部质量控制； b）参加检测机构间的比对或能力验证计划； c）使用相同或不同方法进行重复检测检验； d）对存留物品进行再检测检验； e）分析一个物品不同特性结果的相关性。 所选用的方法应当与所进行工作的类型和工作量相适应。			

续表

条款	核查内容	对应的管理体系文件名称及章节/条款号	自查结果说明	备注
5.9.2	安全生产检测检验机构应分析质量控制的数据，当发现质量控制数据超出预先确定的判断数据时，应采取已计划的措施来纠正出现的问题，并防止报告错误的结果。			
5.10 结果报告				
5.10.1	总则 安全生产检测检验机构应准确、清晰、明确和客观地报告每一项检测检验、或一系列检测检验的结果，并符合检测检验方法中规定的要求。 结果应以书面检测检验报告的形式出具，并且应包括客户要求的、说明检测检验结果所必需的和所用检测检验方法要求的全部信息。这些信息通常是 5.10.2 和 5.10.3 或 5.10.4 中要求的内容。 在与客户有书面协议的情况下，可用简化的方式报告结果。对于 5.10.2 至 5.10.4 中所列却未向客户报告的信息，应能方便地从安全生产检测检验机构中获得。			
5.10.2	基本要求			
5.10.2.1	每份检测检验报告应至少包括下列信息： a）标题（例如“检验报告”、“检测报告”）； b）安全生产检测检验机构的名称和地址，进行检测检验的地点（如果与安全生产检测检验机构的地址不同或检测检验结果与检测检验地点有关时）； c）检测检验报告的唯一性标识（如系列号）和每一页上的标识，以确保能识别该页是属于检测检验报告的一部分，以及表明检测检验报告结束的清晰标识； d）客户的名称和地址； e）所用标准或方法的识别；			

续表

条款	核查内容	对应的管理体系文件名称及章节/条款号	自查结果说明	备注
	f）检测检验类别； g）检测检验物品的描述、状态和明确的标识； h）对结果的有效性和应用至关重要的检测检验物品的接收日期和进行检测检验的日期； i）如与结果的有效性或应用相关时，安全生产检测检验机构或其他机构所用的抽样方案和程序的说明； j）检测检验的结果； k）检测检验人员、审核人员、授权签字人的签名或等效的标识； l）必要时，结果仅与被检测检验物品有关的声明； m）未经安全生产检测检验机构书面批准，不得复制（全文复制除外）检测检验报告的声明。			
5.10.2.2	每份检测检验报告还应至少符合下列要求： a）检测检验的结果应采用法定计量单位； b）检测检验报告的硬拷贝应有页码和总页数； c）检测检验报告应由授权签字人批准。			
5.10.3	意见和解释			
5.10.3.1	当需对检测检验结果做出解释时，除 5.10.2 中所列的要求之外，检测检验报告中还应包括下列内容： a）对检测检验方法的偏离、增添或删节，以及特定检测检验条件的信息，如环境条件； b）相关时，符合（或不符合）要求和（或）规范的声明；			

续表

条款	核查内容	对应的管理体系文件名称及章节/条款号	自查结果说明	备注
	c）适用时，评定测量不确定度的声明。当不确定度与检测检验结果的有效性或应用有关，或客户有要求，或不确定度影响到对规范限度的符合性时，检测检验报告中还应包括有关不确定度的信息； d）适用且需要时，提出意见和解释（见 5.10.3.3）； e）特定方法、客户或客户群体要求的附加信息。			
5.10.3.2	当需对检测检验结果做出解释时，对含抽样结果在内的检测检验报告，除了 5.10.2 和 5.10.3.1 所列的要求之外，还应包括下列内容： a）抽样日期和抽样人； b）抽取的物质、材料或产品的清晰标识（适当时，包括制造者的名称、标示的型号或类型和相应的系列号）； c）抽样位置，包括任何简图、草图或照片； d）所用的抽样方案和程序； e）抽样过程中可能影响检测检验结果解释的环境条件的详细信息； f）与抽样方法或程序有关的标准或规范，以及对这些规范的偏离、增添或删节。			
5.10.3.3	当含有意见和解释时，安全生产检测检验机构应把做出意见和解释的依据制定成文件。意见和解释应在检测检验报告中清晰标注。 检测检验报告中包含的意见和解释可以包括下列内容： a）对结果符合（或不符合）要求声明的意见； b）合同要求的履行； c）如何使用结果的建议； d）用于改进的指导。 许多情况下，通过与客户直接对话来传达意见和解释或许更为恰当，但这些对话应当有文字记录。			

续表

条款	核查内容	对应的管理体系文件名称及章节/条款号	自查结果说明	备注
5.10.4	从分包方获得的检测检验结果 当检测检验报告包含了由分包方所出具的检测检验结果时，这些结果应予以清晰标明。检测检验机构应要求分包方提供书面或电子报告。			
5.10.5	结果的电子传送 当用电传、传真或其他电子或电磁方式传送检测检验结果时，应满足本标准的要求（见5.4.7）。			
5.10.6	检测检验报告的格式 检测检验报告的格式应设计为适用于所进行的各种检测检验类型，并尽量减小产生误解或误用的可能性。 同一安全生产检测检验机构内检测检验报告格式应尽可能统一；检测检验报告编排应合理，尤其是检测检验数据的表达方式，应易于读者理解。表头应当尽可能地标准化。			
5.10.7	检测检验报告的修改 对已发布的检测检验报告的实质性修改，应以追加文件或信息变更的形式，并应包括如下声明： a）“对系列号……（或其他标识）检测检验报告的补充”，或其他等效的文字形式； b）这种修改应满足本标准的所有要求； c）当有必要发布全新的检测检验报告时，应注以唯一性标识，并注明所替代的原件。			

附表 4

在编人员一览表

场所________________

地址________________

序号	姓名	性别	出生年月	技术职称	文化程度	所学专业	毕业时间	所在部门	岗位	本岗位年限	备注

附表 5

仪器设备设施一览表

序号	名称	型号规格	数量	唯一性编号	购置年份	放置地点	原值（万元）	备注
仪器设备								
累计								
设施								
累计								
合计								

附表 6

参加检测能力考核活动表

序号	参加项目名称	组织方	参加检测机构名称	参加时间	依据标准编号及名称	所用仪器设备名称	唯一性编号	试验人员	结果	结果处理状况	备注

参考文献

[1] 中国实验室国家认可委员会. 中国实验室注册评审员培训教程. 北京：中国标准出版社，2001 年第 1 版.

[2] 国家质量技术监督局计量司. 测量不确定度评定与表示指南. 北京：中国计量出版社，2000 年第 1 版.

[3] 中国实验室国家认可委员会. 中国实验室注册评审员培训教程. 北京：中国计量出版社，1997 年第 1 版.

[4] 中国认证人员国家注册委员会. 质量体系内部审核员国家通用教程. 北京：中国商业出版社，1995 年第 2 版.